农业技术进步评价
——理论、方法与实证

赵芝俊　等　著

中国农业科学技术出版社

图书在版编目（CIP）数据

农业技术进步评价：理论、方法与实证／赵芝俊等著．--北京：中国农业科学技术出版社，2021.6

ISBN 978-7-5116-5339-0

Ⅰ.①农⋯　Ⅱ.①赵⋯　Ⅲ.①农业技术-技术进步-研究-中国　Ⅳ.①F323.3

中国版本图书馆 CIP 数据核字（2021）第 102034 号

责任编辑	崔改泵
责任校对	马广洋
责任印制	姜义伟　王思文

出 版 者	中国农业科学技术出版社
	北京市中关村南大街 12 号　邮编：100081
电　　话	（010）82109194（出版中心）　（010）82109702（发行部）
	（010）82109709（读者服务部）
传　　真	（010）82109698
网　　址	http://www.castp.cn
经 销 者	各地新华书店
印 刷 者	北京建宏印刷有限公司
开　　本	170 mm×240 mm　1/16
印　　张	10.25
字　　数	190 千字
版　　次	2021 年 6 月第 1 版　2021 年 6 月第 1 次印刷
定　　价	60.00 元

前　言

　　农业技术进步贡献率测算历来都是学界和政界关心的热点问题。科学测算农业技术进步贡献率意义重大。一是可以准确把握农业经济增长的质量和动因，为政府的科学决策提供参考；二是可以揭示和彰显技术进步对农业经济增长的巨大推动作用，进而促进在全社会形成重视科技、依靠科技的良好氛围，为加速农业技术进步提供良好的外部环境。因此，自20世纪80年代以来，以朱希刚研究员为代表的老一辈农业经济学家就开始了这方面的研究与探索，并取得了令人瞩目的巨大成就。进入21世纪，借助世界银行第四期技术合作贷款项目"国家农业政策分析平台与决策支持系统（A29）"的资助以及农业农村部科教司持续不断的经费支持，保障了本人及团队可以长期致力于该领域的研究工作，并在基本理论梳理、研究方法改进、应用领域拓展等方面取得了一系列开创性研究成果。特别是在研究成果的应用和决策支撑方面发挥了较大的作用。从2008年至今，课题组的研究结果连续10多年被农业农村部采纳，发挥了重要的决策支撑作用。与此同时，我们还分别为浙江省、山西省、河北省、新疆维吾尔自治区、内蒙古自治区等多家省级部门或单位提供技术支持，为地方经济决策和人才培养做出了重要贡献。

　　随着乡村振兴战略的大力实施，尤其是自习近平总书记强调要把实施乡村振兴战略摆在优先位置，坚持五级书记抓乡村振兴，让乡村振兴成为全党全社会的共同行动以来，技术进步贡献率指标已经成为全国许多地方乡村振兴工作考核的重要参考指标，再一次掀起了开展农业技术进步贡献率测算的一个新的热潮。许多地方省市的专家学者来电来函，甚至登门拜访，希望学习掌握有关这方面的系统知识与测算方法，他们也迫切希望我们能编辑出版一本专著，指导其开展此类研究工作，以便更好地为地方经济建设服务。正是在这样的背景下，促使我们以近20年的研究成果为基础，并根据其或在理论或在方法或在应用方面的价值大小，挑选出了11篇有代表性的学术论文编辑成册，以期为各位同行开展此类工作提供参考和借鉴。

说实话，此书的编辑整理过程也是一个回顾与思考的过程，有许多多年来没有机会表达的想法与感悟也希望与大家分享。

首先，这是农业农村部科教司长期支持的结果。可以说，没有相关部门和领导的大力支持，不可能使课题组30多年持之以恒潜心开展这项研究，也不可能有今天这样丰富的成果。该项研究从20世纪80年代就陆续获得了原农业部科教司的支持，特别是从2008年至今，科教司历届领导都高度重视此项工作，每年都以专项的形式给予特别支持，期间从未间断。2009年12月，本人还应邀赴农业农村部为科教司全司领导干部做了"农业技术进步贡献率测算的理论与方法"辅导，时任副部长危朝安同志参会指导，给予了课题组巨大的鼓舞。

其次，这是师徒几代人勤奋努力和不断传承的结果。朱希刚老师作为国内该领域的开拓者，在20世纪80年代就首次把索洛余值理论和增长速度方程引入到农业技术进步贡献率的评价当中，开创了定量评价农业技术进步贡献率的先河，其提出的测算方法早在1996年就被农业部确定为测算农业技术进步贡献率的标准方法，在学术界产生了重要的影响。进入21世纪，在世行项目的支持下，我带领团队开展了对技术进步评价理论与方法的梳理与探索。一是把可变弹性引入技术进步贡献率的评价当中，并对 1985—2003 年近 20 年我国的农业技术进步贡献率及其趋势进行了研究，文章发表在 2006 年第 3 期《中国农村经济》杂志。该论文目前的被引频次达到 211 次，下载量达到 2 598 次，产生了良好的社会效益。二是运用超越对数随机前沿函数模型对我国的农业技术进步贡献率进行了分解研究，首次精确计算出了影响经济增长的各种因素及其贡献，为推进农业技术进步找到了抓手。论文在 2009 年第 9 期《农业经济问题》发表，被引频次达到 172 次，下载量达到 2 759 次。三是开展了农业技术进步特征分析及粮食、棉花、小麦、养蜂业等技术进步研究，研究成果分别在《农业技术经济》《中国农业大学学报（社科版）》等期刊上发表，产生了重要的学术影响，也奠定了在这一领域的引领地位。

第三，科学研究必须不断创新才能永葆其生命力。科技的不断进步，工具方法的不断创新，以及农业形势的不断变化，都要求农业技术进步评价方法不断创新，以便最大限度地做到科学、精准和有用。30 年来，我们无论从理论的探讨、方法的改进，还是应用领域的深入与扩展无不体现了对创新和研究价值的追求，这也许就是该领域研究能够常做常新，不断有新成果推出的原因吧。

最后，技术进步贡献率评价任重道远，后来者还需不断努力。随着信息化、互联网、大数据以及新产业、新业态的不断涌现，促进技术进步的动因也在发生深刻的变化，单要素驱动的技术进步已经在向多要素及其组合驱动的技术进步转变，由主要以生产环节驱动的经济增长向全产业链技术进步驱动的经济增长转变，由常规性技术进步驱动向颠覆性技术进步驱动转变，这些都要求技术进步贡献率的测算理论与方法要有根本性的创新与改变，唯有如此，才能适应新形式的变化，也才能真正发挥应有的决策支持作用。

　　科学无止境，研究也贵在坚持和创新，面对目前世界遭遇的百年未有之大变局，我辈及后来者更应发扬前辈务实敬业、拼搏奋斗的优良传统，以舍我其谁的勇气把这项研究不断向前推进，为学科发展、人才培养和政策支撑做出我们应有的贡献。

赵芝俊

2021 年 3 月 20 日

目　录

农业技术进步贡献率测算方法：
回顾与评析[*]

农业技术进步贡献率测算方法：
回顾与评析[*]

农业技术进步贡献率测算方法：回顾与评析[*]

农业技术进步贡献率测算方法：回顾与评析[*]

袁开智，赵芝俊，张社梅[**]

摘　要：文章回顾了包括参数方法与非参数方法在内的各种农业技术进步贡献率的测算方法，并对其优缺点进行了比较和评价，介绍了与此相关的最新研究进展和发展趋势，提出了测算农业技术进步贡献率需要注意的问题。

关键词：技术进步贡献率；参数方法；非参数方法；技术进步率分解

技术进步对经济增长的巨大推动作用毋庸置疑。大量研究表明，技术进步可以很好地解释工业革命以来世界经济增长的绝大部分现象。20世纪50年代，Solow对经济增长理论做出了开创性贡献，他提出长期的经济增长主要依靠技术进步，而不是依靠资本和劳动力的投入。自此，就特定时期内的某一特定区域而言，如何将技术进步对经济增长的促进作用（也就是技术进步贡献率）定量地测度出来，如测度一国某年度的技术进步贡献率，一直是经济学界不断探索的理论热点。

技术进步贡献率作为衡量技术进步对产出增长贡献大小的量化指标，是我国各级政府进行决策与考核的重要依据，一直都受到高度重视。特别是在当前，国家明确将技术进步贡献率指标列入《国家中长期科学与技术发展规划纲要（2006—2020）》中，并提出了具体的发展目标，党的十七大报告也对"科技进步对经济增长的贡献率大幅提高"做出了重要表述。因此，研究技术进步贡献率的测算具有重要的理论和现实意义。

本文对已有的关于农业经济部门技术进步贡献率的各种测算方法进行了回顾，比较了它们的优缺点，并介绍了研究方法上的一些新进展。这些测算

---

　* 基金项目：本研究得到"中央级公益性科研院所基本科研业务费专项"的资助。

　** 作者简介：袁开智（1984—），男，安徽合肥人，中国农业科学院农业经济与发展研究所硕士研究生，研究方向：农业技术进步评价与政策；赵芝俊（1964—），男，中国农业科学院农业经济与发展研究所研究员；张社梅（1978—），女，浙江省农业科学院农业经济发展与信息研究所助理研究员，研究方向：技术经济。

方法同样也适用于其他经济部门或整个国民经济。

由于技术进步贡献率被定义为技术进步率与总产出增长率的比值，故以下讨论将围绕技术进步率的测算方法展开。

1 测算技术进步贡献率的参数方法

1.1 技术进步贡献率的测算原理

假设整个农业部门的生产过程可以用如下生产函数表示：

$$Y = A \times F(K, L, N) \tag{1}$$

其中，Y 为农业总产值，K、L、N 分别表示资本①、劳动和土地②3 种生产要素，A 代表（希克斯中性）技术水平③（这个概念是由索洛引入的），它们都是时间 t 的函数。我们可以从式（1）推导出技术进步率 TP：

$$TP = \frac{A'}{A} = \frac{Y'}{Y} - \varepsilon_K \times \frac{K'}{K} - \varepsilon_L \times \frac{L'}{L} - \varepsilon_N \times \frac{N'}{N} \tag{2}$$

式（2）为索洛余值（Solow residual）公式，它表明技术进步率等于总产值④增长率分别减去各要素产出弹性与要素投入增长率之积后的剩余⑤，而技术进步贡献率 $TPCR$ 定义为技术进步率与当年总产值增长率的比值，即：

$$TPCR = \frac{TP}{Y'/Y}。$$

---

① 在实际应用中，一般用物质消耗和固定资产折旧之和来表示资本。

② 将土地作为要素加入生产函数，这体现了农业经济学区别于理论经济学的特色。在农业经济学中，选取其他变量作为生产要素的例子还有很多，如在畜牧经济研究中，在资本和劳动之外，通常还将能繁母畜头数作为要素加入生产函数。

③ 这里需要强调的是，A 代表技术，而不是生产要素。基于对技术发挥作用形式的不同认识，除式（1）外，有的经济学家还将生产函数写成 $Y=F$（K，$A×L$，N）或 $Y=F$（$A×K$，L，N），它们依次被称为希克斯中性、哈罗德中性和索洛中性技术进步，都属于中性技术进步的范畴。关于中性技术进步，本文在后面部分有详细交代。要指出的是，不同形式的中性技术进步设定不影响索洛余值公式的结果。

④ 本文采用以货币度量的总产值，而不是用总产量来衡量产出。如果假定产品质量的提高一定可通过原产品相对价格的变化反映出来，那么用技术进步率度量的技术进步对农业产出增长的作用，就不仅包括对产品数量增长的促进作用，还包括对产品质量提高的促进作用。并且，技术进步的作用还包括对环境的改善、对自然资源的节约等，因此远不止这两方面。但由于这些作用无法直接通过总产值来反映，因此不在本文研究范围之内。

⑤ 鉴于此，技术水平也称作全要素生产率（total factor productivity，TFP），技术进步率也称作全要素增长率。

1.2 基于经验的和基于市场完全竞争假设的核算方法

从索洛余值原理出发，要测算技术进步率，除了要获得总产出增长率以及各投入要素增长率的准确数据外，最关键的是要确定要素的产出弹性。获得产出弹性的一种最简单的方法就是直接采用现有文献资料中已测算的弹性或根据个人经验来人为地确定一组弹性。例如，林毅夫在其著名的解释"集体化与 1959—1961 年中国农业危机"的论文中就是采用前人提出的两组弹性分别测算了 1952—1988 年的中国技术进步率；朱希刚（1997）则在综合经济学理论和农业专家讨论意见的基础上提出了我国"八五"时期农业以及种植业、畜牧业、渔业、林业各投入要素的弹性，并据此测定了我国"八五"时期的农业技术进步贡献率。

另一种确定要素产出弹性的方法是基于对市场完全竞争性的假设。在该假设条件下，每种要素的边际产出等于其要素价格，故各种要素的生产弹性 ε_K、ε_L、ε_N 可分别用各要素的总价格量占总产出的份额 r_K、r_L、r_N 代替，从而可把式（2）写成：

$$TP = \frac{A'}{A} = \frac{Y'}{Y} - r_K \times \frac{K'}{K} - r_L \times \frac{L'}{L} - r_N \times \frac{N'}{N} \tag{3}$$

一般我们可以从统计资料中查到各要素价格和总投入量的数据或直接获得要素总价格量的数据，因此可很容易地计算出份额数值，通过式（3）测得技术进步率。

1.3 基于生产函数的计量方法

以上两种确定生产弹性的方法虽然操作简单但都存在明显缺陷。基于经验的测算方法存在主观性过强的问题，因为研究对象和环境不同，个人测算的弹性未必适用于其他人的研究工作，而且随着时间的推移，要素的产出弹性也会相应地发生变化。另一种方法基于市场完全竞争的假设，这明显与我国当前的实际经济状况有偏差。因此在实际研究工作中，人们通常通过建立生产函数模型，运用计量技术确定弹性，测算技术进步率。此类方法的关键在于生产函数形式的选择。

1.3.1 Cobb-Douglas 生产函数形式

Cobb-Douglas 生产函数（简称 C-D 生产函数）是最经常采用的形式。C-D 农业总生产函数可表示如下：

$$Y = A_0\, e^{\delta t} K^{\beta_1}\, L^{\beta_2}\, N^{\beta_3}\, e^{\mu} \tag{4}$$

式（4）中：Y、K、L、N 的含义与其在式（1）中相同；A_0 表示基期技术水平，通常设为1；e^{δ_t}为技术进步对第 t 年农业产出量的影响系数；β_1、β_2、β_3 分别表示物质费用 K、劳动力 L、土地 N 的产出弹性；μ 为服从经典假设的随机误差项。对方程两边取对数对其线性化后，采用 OLS 方法即可获得 β_1、β_2、β_3 的估计值，再用索洛余值公式即可算出农业技术进步率。朱希刚（1994）使用该方法测得我国"七五"时期的农业技术进步贡献率为27.9%。

1.3.2. 其他生产函数及对 C-D 生产函数的扩展

上述的 C-D 生产函数形式应用最为广泛，但它在理论上仍存在一些不足，主要表现在 C-D 生产函数反映的是中性技术进步，其要素替代弹性恒为1。

所谓中性技术进步，是指要素替代弹性保持不变。中性技术进步表示任何技术通过各要素产生的对总产出的促进作用大小，其比例是恒定不变的。相应地，要素替代弹性可变则称为偏性技术进步。现实中，技术是通过物化在生产要素中或与生产要素相结合发挥作用来促进产出增长的，因而其发挥作用的途径是多种多样的，有资本增强型、劳动力增强型、土地增强型等，因此加总的技术进步应当是偏性的。如果生产函数不能表示偏性技术进步，则势必影响技术进步率测算的准确程度，同时也削弱了计算结果所具有的政策意义。

针对 C-D 生产函数的上述不足，一些学者试图构造新的生产函数形式。1961年，Arrow 等人构造了常替代弹性（constant elasticity of substitution, CES）生产函数，在该函数形式下，要素的产出弹性可以随着各要素投入量的变化而变化，要素替代弹性仍固定但不再恒为1。此后，相继又有各种形式的变替代弹性（variable elasticity of substitution, VES）生产函数出现，这些生产函数可以表示偏性技术进步，但它们复杂的非线性形式使其难以采用简单的计量方法加以估计，因此在实际的宏观经济增长核算中应用并不广泛。

另一些学者则采取对 C-D 生产函数加以扩展的方式对其进行改进，主要是将原 C-D 生产函数的不变生产弹性 β_i 设为可变形式，如关于时间 t 的线性、二次或 Logistic 函数等形式，将表示技术进步的关于时间的一次项 δ_t 设为 t 的其他形式。通过设定某些形式的可变生产弹性，要素间替代弹性也会随时间发生变化，即意味着存在非中性的技术进步。对于大量的 C-D 生产函数扩展形式，本文限于篇幅仅举一例：

$$Y = e^{\delta_0 + \delta_1 t + \delta_2 t^2} K^{\beta_{10} + \beta_{11} t + \beta_{12} t^2} L^{\beta_{20} + \beta_{21} t + \beta_{22} t^2} N^{\beta_{30} + \beta_{31} t + \beta_{32} t^2} e^{\mu} \tag{5}$$

C-D 生产函数的扩展形式使用起来虽然简单，但它仍然存在一些无法回避的问题，即可变产出弹性的形式选择具有较大的随意性，缺乏强有力的理论支撑。如果仅仅从数据拟合程度出发，在很多情况下，对同一组数据用不同弹性设定的 C-D 生产函数扩展形式进行回归，都能得到很好的结果，这就使得函数形式的选择难以令人信服。

1.3.3 超越对数生产函数形式

一个好的生产函数应当符合以下标准：能够表示偏性技术进步；函数形式简单，易于估算。由 Christensen、Jorgenson 和 Lau（1973）提出的超越对数（Translog）生产函数就是符合上述标准的一种可行的函数设定。以下是一个测算农业技术进步率的 Translog 生产函数模型，其推导过程如下：

设抽象生产函数为 $Y = F$（$\ln X_1$，$\ln X_2$，$\ln X_3$，$\ln A$），其中 A 表示随时间变化的技术水平，设为 $A = e^{\delta t}$，方程两边取对数后，即 $\ln Y = \ln F$（$\ln X_1$，$\ln X_2$，$\ln X_3$，$\ln A$），在 $Y_0 = X_{10} = X_{20} = X_{30} = A_0 = 1$ 处做二阶泰勒展开，得

$$\ln Y = \ln Y_0 + \sum_{i=1}^{3} \frac{\partial \ln F}{\partial \ln X_i}\bigg|_{X=X_{i0}} \cdot \ln X_i + \frac{\partial \ln F}{\partial \ln A}\bigg|_{A=A_0} \cdot \delta_t +$$

$$\frac{1}{2}\sum_{i=1}^{3}\sum_{j=1}^{3} \frac{\partial^2 \ln F}{\partial \ln X_i \ln X_i}\bigg|_{X_i=X_{i0},\ X_j=X_{j0}} \cdot \ln X_i \ln X_j + \sum_{i=1}^{3} \frac{\partial^2 \ln F}{\ln X_i \ln A}\bigg|_{X_i=X_{i0},\ A=A_0} \cdot \delta_i \ln X_i +$$

$$\frac{1}{2}\frac{\partial^2 \ln F}{\partial A^2}\bigg|_{A=A_0} \cdot \delta^2 t^2$$

令 $\alpha_0 = \ln Y_0$，$\alpha_1 = \delta \frac{\partial \ln F}{\partial \ln A}\bigg|_{A=A_0}$，$\alpha_2 = \delta^2 \frac{\partial^2 \ln F}{\partial A^2}\bigg|_{A=A_0}$，$\beta_i = \frac{\partial \ln F}{\partial \ln X_i}\bigg|_{X=X_{i0}}$，$\beta_{Ai} = \delta \frac{\partial^2 \ln F}{\partial \ln X_i \ln A}\bigg|_{X_i=X_{i0},\ A=A_0}$，$\beta_{ij} = \frac{\partial^2 \ln F}{\partial \ln X_i \partial \ln X_j}\bigg|_{X_i=X_{i0},\ X_j=X_{j0}}$。其中，$i = 1$，2，3；$j = 1$，2，3。

$$\ln Y = \ln Y_0 + \sum_{i=1}^{3} \frac{\partial \ln F}{\partial \ln X_i}\bigg|_{X=X_{i0}} \cdot \ln X_i + \frac{\partial \ln F}{\partial \ln A}\bigg|_{A=A_0} \cdot \delta_t +$$

$$\frac{1}{2}\sum_{i=1}^{3}\sum_{i=1}^{3} \frac{\partial^2 \ln F}{\partial \ln X_i \partial \ln X_j}\bigg|_{X_i=X_{i0},\ X_j=X_{j0}} \cdot \ln X_i \ln X_j + \sum_{i=1}^{3} \frac{\partial^2 \ln F}{\partial \ln X_i \ln A}\bigg|_{X_i=X_{i0},\ A=A_0} \cdot \delta_t \ln X_i +$$

$$\frac{1}{2}\frac{\partial^2 \ln F}{\partial A^2}\bigg|_{A=A_0} \cdot \delta^2 t^2$$

令 $\alpha_0 = \ln Y_0$，$\alpha_1 = \delta \frac{\partial \ln F}{\partial \ln A}\bigg|_{A=A_0}$，$\alpha_2 = \delta^2 \frac{\partial^2 \ln F}{\partial A^2}\bigg|_{A=A_0}$，$\beta_i = \frac{\partial \ln F}{\partial \ln X_i}\bigg|_{X=X_{i0}}$，$\beta_{Ai} = \delta \frac{\partial^2 \ln F}{\partial \ln X_i \ln A}\bigg|_{X_i=X_{i0},\ A=A_0}$，$\beta_{ij} = \frac{\partial^2 \ln F}{\partial \ln X_i \partial \ln X_j}\bigg|_{X_i=X_{i0},\ X_j=X_{j0}}$。其中，$i = 1$，2，3；$j = 1$，2，3。

$$\ln Y = \ln F(\ln X_i,\ t) = \left(\alpha_0 + \alpha_{1t} + \frac{1}{2}\alpha_2 t^2\right) + \sum_{i=1}^{3}\left(\beta_i + \beta_{Ai} t\right)\ln X_i +$$

$$\frac{1}{2} \sum_{i=1}^{3} \sum_{j=1}^{3} \beta_{ij} \ln X_i \ln X_j + u \tag{6}$$

式（6）中，X_i 分别表示 3 种不同的生产要素，α_i、β_i、β_{Ai}、β_{ij} 为待估参数，且 $\beta_{ij} = \beta_{ji}$。由式（6）可看出，Translog 生产函数形式上采取简单的对数线性形式，大大简便了参数的估算。

在 Translog 生产函数中，技术进步率的计算公式为[①]：

$$TP = \frac{\partial \ln F(\ln X_i, \ t)}{\partial t} = (\alpha_1 + \alpha_2 t) + \sum_{i=1}^{3} \beta_{Ai} \ln X_i \tag{7}$$

式（7）表明，狭义技术进步率可以分解为用（$\alpha_1 + \alpha_2 t$）表示的中性技术进步和对单个投入要素发挥作用的偏性技术进步 $\beta_{Ai} \ln X_i$ 之和。Translog 生产函数之所以能做到这点，是因为它是从一个抽象生产函数推导而来，在这个抽象函数中，随时间变化的技术被视为一种与各生产要素地位完全平等的投入集而进入函数关系。

在 Translog 生产函数中，要素 X_i 的产出弹性为

$$\varepsilon_i = \frac{\partial \ln F(\ln X_i, \ t)}{\partial \ln X_i} = (\beta_i + \beta_{Ai} t) + \sum_{j=1}^{3} \beta_{ij} \ln X_j \tag{8}$$

式（8）表明，要素的产出弹性既具有随着（偏性）技术进步而变大的一般趋势[②]，又与每种要素投入的增长有关。这表明在投入—产出的过程中，要素之间是相互影响的，这种影响可能是正的，也可能是负的（即 β_{ij} 可正可负）。因此，要提高投入要素的利用价值或者说要使要素产出弹性尽可能大，则各种要素投入比例就必须适当，使 $\beta_{ij} > 0$ 且尽可能大。

此外，关于 Translog 函数还需强调两点：一是由 Translog 函数的推导过程可知，它实际上是抽象生产函数的二阶泰勒展开式，因而它可被看成是任何形式的生产函数的近似。例如，若 $\beta_{ij} = 0$，Translog 函数退化为 C-D 函数扩展形式；如果继续退化，可得到 C-D 函数；若 $\beta_{ii} = -1/2 \beta_{ij}$，函数退化为 CES 函数形式[③]，也就是说，C-D 函数和 CES 函数是嵌套在 Translog 函数中的。二是由于采用 Translog 函数形式后，需要估计的参数太多，而实际研究工作中可用

---

① 这里测算的技术进步率和采用索洛余值法测算出的技术进步率有所区别，两者所依据的计算公式不同。概括来说，索洛余值法测算的是涵盖最广的广义技术进步率，而此处测算的则可称为狭义技术进步率。

② 由上文知，如果存在偏性技术进步，则 $\beta_{ii} > 0$。

③ 对式（6）做原假设为 $H_0: \beta_{ij} = 0$（$i, j = 1, 2, 3$）的联合 F 检验，如果接受原假设，则表明生产函数为 C-D 扩展型；同理，对式（6）做原假设为 $H_0: \beta_{ii} + \frac{1}{2}\beta_{ij} = 0$ 的 Wald 检验，即可判断生产函数是否为 CES 型。

来做分析的时间序列（全国年度统计资料）往往太短，因此我们通常采用包含各年度分省数据的面板数据（panel data）。

1.4 广义技术进步率分解和超越对数随机前沿模型

索洛余值法是传统的农业技术进步率测算方法的理论基石，从理论上说，它所测算的技术进步率包含了除了要素投入增长外使总产出增长的一切因素，因而被称为广义技术进步率。形象地说，广义技术进步率就好比一个大的"杂物袋"，因此，进一步的研究就要求对广义技术进步率进行分解，以探究技术进步对经济增长更为细节化的作用机制。

目前，国际生产率研究领域中比较公认的一种分解方法是从"技术促进产出的途径"这一角度将广义技术进步分解为狭义技术进步、技术效率提高、规模报酬收益、资源配置效率提高 4 个部分。

所谓狭义技术进步，是指新时期生产技术的发明与革新抬高了生产前沿面（理论上的最高产出水平），它是广义技术进步经济贡献中最核心的部分，这一含义可抽象地用 $\partial \ln Y / \partial t$ 表示。技术效率这一概念的引入主要是基于现实中主客观因素的制约使得农业并非总能达到前沿面而出现技术效率缺失这一现实。我们将最高产出水平作为单位 1，那么技术效率就可定义为实际产出水平与最高产出水平的比值。规模报酬不变则是新古典经济学关于生产函数的假设，实际中则可能存在规模报酬递减或递增的情形。提高资源配置效率是指在一定量的总要素投入水平下，通过对不同地域的品种投入量的优化配置，达到提高产出的目的。前面我们已通过 Translog 函数测算出狭义技术进步率（以及要素弹性），另外 3 个部分的测算需要我们引入新的分析工具，这也是目前本研究领域的一些新进展。

1.4.1 用随机前沿函数测算技术效率

为了度量最大产出与实际产出的差距，即技术效率，我们需要引入随机前沿（stochastic frontier）的概念，它是由 Aigner、Lovell、Schmidt 和 Meeusen 等分别独立提出的。

随机前沿函数将误差项分为不可控（v）和技术效率（u）因素两部分，函数形式为：

$$Y_{kt} = f(X_{kt}, \ t; \ \beta) e^{v_{kt} - u_{kt}} \tag{9}$$

其中，$u_{kt} > 0$，$t = 1, 2, \cdots, T$。

两边取对数得：

$$\ln Y_{kt} = \ln f(X_{kt}, \ t; \ \beta) + v_{kt} - u_{kt} \tag{10}$$

式（9）中：$f(X_{kt}, \ t; \ \beta)$、Y_{kt}、X_{kt} 分别表示第 k 省第 t 年能够达到的最

大产出函数，以及实际产出和所有解释变量，它们构成了一组面板数据；t 是时间趋势项，作为技术进步的代理变量；β 代表所有待定系数；不可控的随机误差项 v_{kt} 被假定服从正态分布 $v_k \sim N（0，\sigma_v^2）$，并且与技术效率误差项 u_{kt} 相互独立。

关于技术效率误差项 u_k 的概率分布，早期的研究主要基于 Battese 和 Coelli（1992）的工作（以下简称 B & C 模型）。他们假设 u_{kt} 在横截面上服从非负截断正态分布（non-negative truncations of the normal distribution），即

$$u_{kt} \sim |N（u_t，\sigma_{u_t}^2）|，\quad k=1，2，\cdots，31^① \tag{11}$$

而在时间序列上则以一递减速率递增（increase at adecreasing rate with time-varing），代表技术效率随着时间推移单调上升：

$$u_{kt} = u_{kT}e^{-\eta(t-T)} \tag{12}$$

其中，$\eta > 0$，$t = 1，2，\cdots，T$。

记第 k 省第 t 年总误差项为 $E_{kt} = \ln Y_{kt} - f（X_{kt}，t；\beta）= v_{kt} - u_{kt}$，由于随机误差项 v_{kt} 与技术效率误差项 u_{kt} 相互独立，故第 T 年总误差项 E_{kt} 的方差 $\sigma_{E_T}^2 = \sigma_v^2 + \sigma_{u_T}^2$，定义 $\gamma = \dfrac{\sigma_{u_T}^2}{\sigma_{E_T}^2}$，它反映技术无效率项对实际产出偏离的相对重要程度。γ 越大，考虑技术效率因素的必要性就越强。显然，知道 $\sigma_{E_T}^2$ 和 γ 与知道 σ_v^2 和 $\sigma_{u_T}^2$ 是等价互推的。又由式（12）可知，只要知道 u_T、$\sigma_{u_T}^2$ 和 η，就可以推出所有的 u_t 和 $\sigma_{u_t}^2$，所以误差部分需要估计的系数只有 u_t、η、$\sigma_{E_T}^2$、γ（或 σ_v^2、$\sigma_{u_T}^2$）。通过对误差项设定的讨论可看出，随机前沿函数的待估参数（β、u_t、η、$\sigma_{E_T}^2$、γ）无法通过最小二乘法来估算，而要用极大似然法 ② 来估算。

由技术效率的定义可知：

$$TE_{kt} = e^{-\hat{u}_{kt}} = E(e^{-u_{kt}} | E_{kt}) \tag{13}$$

其中，$E_{kt} = (E_{k1}，E_{k2}，\cdots，E_{kT})$。技术效率变化率计算公式为：

$$\dot{TE}_{kt} = -\frac{\partial \hat{u}_{kt}}{\partial t} \tag{14}$$

以上是基于 B & C 模型的技术效率及其变化率的计算原理，其具体计算过程可以通过专门的随机前沿统计软件 Frontier 来实现。

---

① 即第 t 年技术效率误差项 u_k 的概率密度函数为 $f(u_T) = \dfrac{1}{\sigma_{u_t}\sqrt{\pi/2}[1-\phi(-\mu_t/\sigma_{u_t}]}e^{\frac{-(u_{kt}-\mu_t)^2}{2\sigma_{u_t}^2}}$，其中，$\phi（°）$ 为标准正态分布密度函数，也有学者简单地假设为服从半正态分布，即 $\mu_t = 0$。

② 该方法的具体推导过程见参考文献（Battese and Coelli，1992）。

在 B & C 模型中，技术效率被假定随时间的变化单调递增，然而现实中技术效率的变化受各种主客观因素的影响，一般具有较大的波动性。此外，随机误差项特别是截面技术无效率项同方差的假定，也与现实有较大差距。Wang（2002）提出了一个技术效率非单调和误差项异方差的随机前沿模型。该模型与 B & C 模型的区别在于前者引入了由外生变量组成的向量组 Z_{kt} 来解释 u_t、$\sigma_{u_t}^2$，并假设：$\mu_{kt} = Z_{kt}\varphi$，$\sigma_{u_{kt}}^2 = e^{Z_{kt}\theta}$。其中，$\varphi$、$\theta$ 为待定参数向量。与 B & C 模型相类似，应用极大似然法可对参数 β、φ、θ、σ_v^2 进行估计。通过以上讨论可看出，使用该模型的关键在于如何选取合适的解释农业技术效率变动的外生变量。

1.4.2 用 Kumbhakar 公式分解广义技术进步率

为了对广义技术进步率进行完全分解，还需引入 Divisia 全要素生产率指数公式，其形式为（Kumbhakar and Lovell，2000）：

$$TFP = d\ln Y/dt - \sum_i S_i \cdot (d\ln X_i/dt) \tag{15}$$

其中，$S_i = \dfrac{\omega_i X_i}{\sum \omega_i X}$，$\omega_i$ 为第 i 种要素的价格。

比较式（2）和式（15），可看出 Divisia 公式所定义的技术进步率和索洛余值公式定义的广义技术进步率的含义十分类似，即只要总产出的变化率与总要素投入的变化率不相同，就会发生全要素生产率的变动。两者的区别则在于，它们分别采用了要素价值份额与要素弹性作为各要素投入增长率的加权权重。

根据上节超越对数随机前沿函数中技术效率的定义，有

$$\ln Y = \ln F(\ln X_i, \ t; \ \beta) - u \quad (u > 0) \tag{16}$$

对两边关于时间 t 求导数，得

$$\frac{d\ln Y}{dt} = \frac{\partial \ln F}{\partial t} + \sum_i \frac{\partial \ln F}{\partial \ln X_i} \frac{d\ln X_i}{dt} - \frac{\partial u}{\partial t} = TP + \sum_i \varepsilon_i \frac{d\ln X_i}{dt} + TE$$

将式（15）代入，得

$$TFP = TP + \sum_i (\varepsilon_i - S_i) \frac{d\ln X_i}{dt} + TE = TP + (\varepsilon - 1) \sum \frac{\varepsilon_i}{\varepsilon} \frac{d\ln X_i}{dt} + \sum_i (\frac{\varepsilon_i}{\varepsilon} -$$

$$S_i) \frac{d\ln X_i}{dt} + TE \tag{17}$$

式（17）就是 Kumbhakar 全要素生产率分解公式，其中 $\varepsilon = \sum \varepsilon_i$，为规模报酬指数。根据 ε 与 1 的大小，农业产出情况分规模报酬递增、不变和递减。等式右边的第二项表示规模报酬收益率，它等于投入要素增长率以标准化弹

性（即弹性份额）为权重的加权平均中规模报酬递增的部分。显然，如果规模报酬不变，则规模报酬收益率恒为零；如果规模报酬递增，则增加投入要素可获得整顿正的规模报酬收益率；如果规模报酬递减，则减少投入要素可获得整顿正的规模报酬收益率。

等式右边的第三项为资源（生产要素）配置效率变化率。它采用要素投入增长率以标准化弹性与支出份额之差为权重的加权平均来度量，其经济解释如下：如果一种要素的标准化弹性大于该要素支出占总支出的份额，那么反过来，必然存在另一种要素的标准化弹性小于其支出份额。那么我们应当增加产出弹性大于支出份额的要素投入，减少产出弹性小于支出份额的要素投入，以在总支出不变的情况下获得更大的产出。然而，由产出弹性公式 $\sigma_{u_{kt}}^2 = e^{z_{kt}\theta}$ 可知，产出弹性会受到各种要素投入变化的影响，即要素之间的比例（它通过要素投入之间增长率的不同来调节）要适当，否则弹性最终会随着该要素投入的增加和其他要素投入的减少而减少。在这种机制下，只有 $\frac{\varepsilon_i}{\varepsilon} = S_i$ 时，才会达到资源规模配置效率的最优。而在规模配置最优处之外，各种要素投入的变化总会提高或降低资源配置效率，它也属于广义技术进步（全要素生产率变动）的范畴。

测算资源配置效率时需要使用价格数据，如果要素价格数据无法获得，我们可简单地假设这部分的变化率为零，得到简化的 Kumbhakar 分解公式：

$$TFP = TP + (\varepsilon - 1) \sum_i \frac{\varepsilon_i}{\varepsilon} \frac{d\ln X_i}{dt} + TE \tag{18}$$

2 测算技术进步率的非参数方法

2.1 非参数方法

非参数方法就是用全要素生产率指数公式对全要素增长率（技术进步率）进行核算。早期提出的各种指数如 Laspeyres 指数、Passche 指数、Fisher 指数、Divisia 指数、Tornqvist 指数等由于都需要要素价格数据，实际操作起来十分困难，因而应用并不广泛。Caves 提出的 Malquist 指数通过距离函数的概念来度量实际产出与抽象生产前沿面的差距，可避免使用价格数据。后来，Rolf Fare 提出了数据包络分析（Data Envelopement Analysis，DEA）方法的模型，才使得 Malquist 指数计算不依赖于特定的距离函数，非参数方法才真正被应用起来。应用 Malquist 指数法，可将全要素增长率分为狭义技术进步率、技术效率变化率和规模报酬收益率三部分。此外，还有学者（李静和孟令杰，2006）在 Malquist 指数的基础上，对其进行改进和扩展，用 HMB（以 Hicks、Moorsteen 和 Bjurek 三人首字母命名）指数度量全要素生产率，并将全要素增长率分为狭义技术进步率、技术效率变化率、规模报酬收益率和混合效应四部分。

2.2 非参数方法与参数方法比较

非参数方法的应用基于 Malquist 指数、一般形式的距离函数和 DEA 方法，它们都是纯粹的应用数学，这也决定了它的优点和缺点：优点是客观，缺点是呆板。此外，DEA 方法的稳定性较差，因为它对每个生产单元进行效率分析时，都要进行一次数学规划以得到一个生产前沿面，被估单元的有效性是相对其邻近少数几个有效单元构成的前沿边界而言的，因而对单个单元的数据误差非常敏感。此外，非参数方法本质上是一种核算方法，它只提供指标数值，无法进行统计检验。政策分析方面主要只是围绕指标做一些分析。

比较而言，超越对数随机前沿方法函数形式符合经济学理论的设定，可根据理论和现实的需要设置虚拟和代理变量，从而做出准确的经济解释。而且，生产函数是有关投入产出的具体数学形式，可做假设检验，也便于做出控制和预测（给出置信区间）。从估计方法上看，参数方法是对全部生产单元的理论前沿点进行极大似然估计，得到唯一的前沿函数，可以避免受到个别单元的数据误差的较大影响，具有较好的稳定性。

因此，随着经济学理论和计量经济技术的发展，生产函数的参数方法将日益成为技术进步和生产率分析领域的主流分析方法。

3 技术进步率测算的注意问题

（1）要从理论上搞清重要概念的内涵。如广义技术进步率、全要素生产率、全要素增长率、狭义技术进步率、技术效率、规模报酬收益率、资源配置收益率等，它们具体是如何定义的，如何对其从数学上定量表述，以及它们之间的关系如何，都是研究工作中需要注意的问题。

（2）函数形式的设定要符合经济学理论和现实状况，如弹性可变、含偏性技术进步以及技术效率误差项概率分布的假设等。

（3）在实际研究工作中，往往会出现一些对当期技术进步有重要影响的因素，如制度、某项农业政策或技术发明等。这时，除对广义技术进步进行四部分分解外，我们可加入代表这些影响因素的虚拟变量或代理变量，通过参数估计测算其对广义技术进步的份额。

参考文献

李静，孟令杰，2006. 中国农业生产率的变动与分解分析：1978—2004 年基于非参数的 HMB 生产率指数的实证研究 [J]. 数量经济技术经济研究（5）：11-18.

赵芝俊，张社梅，2006. 近 20 年中国农业技术进步贡献率变动趋势 [J]. 中国农村经济（3）：4-12.

朱希刚，1994. 农业技术进步及其"七五"期间内贡献份额的测算分析 [J]. 农业技术经济（2）：2-10.

朱希刚，1997. 农业技术经济分析方法及应用 [M]. 北京：中国农业出版社.

BATTESE G, COELLI T, 1992. Frontier Production Functions, Technical Efficiency and Panel Data：With Application to Paddy Farmers in India [J]. The Journal of Productivity Analysis（3）：153-169.

CHRISTENSEN L R, JORGENSON D W, LAU L J, 1973. Transcendental Logarithmic Production Frontiers [J]. The Review of Economics and Statistics（4）：28-45.

KUMBHAKAR S C, LOVELL C A, 2000. Stochastic Frontier Analysis [M]. London：Cambridge University Press.

WANG H J, 2002. Heteroscedasticity and Non-monotonic Efficiency Effects of A Stochastic Frontier Model [J]. Journal of Productivity Analysis（18）：241-253.

Estimation Methods on Contribution Rate of Technical Progress in Agricultural Production: Review and Remark

Yuan Kaizhi, Zhao Zhijun, Zhang Shemei

Abstract：Reviewing estimation methods on contribution rate of technical progress（CRTP）in agricultural production including various parameter and no-parameter methods, this paper discusses their advantages and shortcomings, introduces research advances and development trend and points out some problems noticed in the process of estimating the CRTP agricultural production.

Key words：contribution rate of technical progress; parameter method; no-parameter method; decomposition of CRTP

后记

本文是与 2005 级硕士研究生袁开智在其硕士论文文献综述基础上加工提炼成的一篇学术论文，发表在中国技术经济学会会刊《技术经济》2008 年第 2 期。文章全面系统地梳理了技术进步评价的理论与方法研究进展及最新成果，并对相关评价方法的优缺点进行了比较分析，最后也就技术进步率测算应注意的问题提出了几点意见和建议。相信会对这类研究有重要的参考价值。

近 20 年中国农业技术进步贡献率的变动趋势*

赵芝俊，张社梅

摘 要：本研究试图从一种新的角度出发，立足于农业生产中投入要素的弹性变动趋势建立模型，进而测算 1986—2003 年中国农业技术进步贡献率，得出一些以投入要素弹性变动趋势及农业技术进步贡献率变动趋势分析为基础的结论：①物质投入对农业产出的贡献已经进入平稳增长时期；②现阶段，农业技术进步贡献率是一个与政策导向密切相关的指标；③农业技术进步贡献率的测算可以与国家每一个"五年计划"不同步。

关键词：农业技术进步；投入要素弹性；变动趋势；技术进步贡献率

对技术进步发展趋势的讨论，一直是经济增长研究领域中的一个重要课题（孙中才，1994），随着人们对农业基础地位认识的深化以及整个经济体中农业技术进步作用的日益显著，农业技术进步发展趋势问题受到越来越多的关注。

然面目前，理论界关于农业技术进步方面的研究和探讨基本上还是集中在一个阶段或者一个时期内技术进步对农业生产增长贡献份额的测度，或者是对某一地区农业技术进步贡献率的研究上。这些研究的一个共同特点就是假设在一定时期内投入要素的弹性是固定不变的，即技术进步贡献率的大小主要取决于产出和投入要素的增长率。然而，客观地讲，在现实经济生活中这些因素都是处在不断变化之中的，尤其是随着中国以市场化为取向的改革进程的不断推进，农业领域的开放程度和市场化程度不断提高，农业生产资料、农业劳动力等要素在一系列的制度安排中变动也很大，因此，投入要素对产出增长的贡献实际上呈一种动态变化的趋势。一些学者对技术进步中投入要素弹性的趋势也做了粗略的经验估计，然而，情况到底是怎样的，目前还没有见到具体、详细的定量研究。为此，本研究试图从建立投入要素弹性

---

* 基金项目：本文得到了世界银行第四期技术合作贷款项目"国家农业政策分析平台与决策支持系统（A29）"的资助。

变化的动态生产函数出发，分析农业技术进步贡献率随投入要素弹性的变化而变化的具体情况，分析变动背后的深层次原因，深化对农业发展规律的认识，为政府制定农业发展战略和长期调控措施提供参考。

1　模型及方法

1.1　农业技术进步与农业技术进步贡献率

农业技术进步是一个经过技术发明、技术创新、技术扩散等环节，把新知识、新技术转化为生产力，从而实现增加社会物质财富、提高经济效益、改善生态环境、不断提高整个农业生产力水平的过程。农业技术进步反映了整个农业生产过程中科学技术的突破及其应用程度。农业技术进步的内容既包括农业生产技术进步（或者叫自然科学技术进步），也包括农业经营管理技术和服务技术进步（或者叫社会科学技术进步）。通常，我们把只包括前者的技术进步称为狭义的农业技术进步，二者都包括在内的技术进步称为广义的农业技术进步（朱希刚，1997）。本文研究中提到的技术进步指广义的技术进步。

定量估计农业技术进步的研究已经很多了，采用的主要模型是柯布-道格拉斯生产函数（C-D 生产函数）和索洛余值法，将技术进步设定为剔除物质投入、劳动力、土地（或者还有其他变量）等要素对经济增长贡献之后所剩余的部分。计算步骤有两步：一是通过 C-D 生产函数求得各投入要素的弹性值；二是利用索洛余值法求得技术进步率，再用技术进步率与农业总产值增长率的百分比最终求得农业技术进步贡献率。具体的计算公式为：

$$\delta = \Delta y/y - \sum b_i \times \Delta x_i/x_i \tag{1}$$

其中，Δy、Δx_i 分别为产出和各种投入要素的年增量，而 $\Delta y/y$、$\Delta x_i/x_i$，就是产出和各种投入要素的年增长率，b_i 为各投入要素的弹性值，δ 就是技术进步率。

所以，测算技术进步贡献率首先要设定适当的生产函数形式，以测算投入要素的弹性值。已有的许多研究是以要素弹性固定为假设设立函数形式。本研究试图以投入要素弹性可变为假设条件设立函数形式，从而测算一个时期内农业技术进步贡献率的变动趋势。

1.2　模型的初步设定

如何选择一个适当的方程形式来估计投入要素弹性的变动情况，以便在此基础上进一步分析和判断农业技术进步的变动情况，这似乎是一个较为复杂的事情，因为影响投入要素弹性变化的因素较多，而且在这些因素影响下的投入要素弹性的代数表达式也是多样的。为了使问题的研究简单化，在充分考虑主要影响因素及其可能存在的情况下，这里假设投入要素的弹性值在一定的时间段内符合下列某一种情况：

假设条件（1）：投入要素的弹性值随着时间 t 的变化而变化，且是 t 的一次函数；

假设条件（2）：投入要素的弹性值随着时间 t 的变化而变化，且是 t 的二次函数；

假设条件（3）：投入要素的弹性值随着人均资本占有量的变化而变化，且是人均资本占有量的函数。

在具体测算和建立模型时，仍然以 C–D 函数和索洛余值法为指导思想，模型的基本形式和在 3 种假设条件下的函数形式初步设立为：

$$\ln Y = \alpha_0 + \sum B_i \ln X_i + \varepsilon \tag{2}$$

假设条件（1）情况下，3 种投入要素的弹性代数式设为：$B = b_0 + b_1 t$

假设条件（2）情况下，3 种投入要素的弹性代数式设为：$B = b_0 + b_1 t + b_2 t^2$

假设条件（3）情况下，3 种投入要素的弹性代数式设为：$B = b_0 + b_1 X_k / X_L$

以上形式均为一次函数、二次函数的一般形式，具体形式由最终的计量结果确定。其中，Y 和 X_i 分别表示农业产出和投入要素，B_i 表示投入要素的弹性值，ε 为随机扰动项。

1.3 模型的检验

根据以上设定，从理论上至少可以得到评价自变量的 3 种可能的方程。那么，究竟哪一种函数形式更接近实际，哪一个方程最优呢？笔者认为，存在这样一些理论和实践的原则条件来检验模型的科学性和拟合的优劣性：①综列数据的 F 检验[①]。用它可以判断方程（2）的常数项及其斜率项是不变还是可变（李子奈和叶阿忠，2000）。②投入要素弹性变动趋势与投入要素份额变动趋势的一致性[②]。可以从理论上证明：在完全市场竞争的假定下，生产者按照利润最大化进行决策，投入要素弹性等于该投入要素份额，即投入要素弹性等于该要素的费用与总产值的比值（蒙德拉克，2004）。目前，中国经济还不是完全的市场经济，农产品价格还不能完全由市场决定，但是，自从

---

① 证明过程略。
② 证明过程略。

1978 年改革开放和 1994 年社会主义市场经济制度确立后，中国就进入了由消费品市场开放到要素市场开放，再到加入世界贸易组织后市场化程度不断提升的一个典型的过渡阶段。非市场因素可能会影响农业投入要素份额的直接计算，但是，可以肯定，投入要素份额的变动趋势和通过生产函数回归所得出的投入要素弹性的变动趋势应该是基本一致的。③模型本身的统计量检验。这些统计量包括针对模型模拟样本的整体效果的 F 检验、针对每个回归系数的 t 检验，样本决定系数 R、修正的 R^2、DW 检验值等。对于一个拟合较好的模型，这些统计检验值应该都可以达到较为理想的水平（易丹解，2002）。④参数估计的一致性。所得参数的估计值的符号或者范围应当与其应有的意义相符，如果不相符，说明模型的设定存在问题。⑤投入要素弹性与已有的研究成果之间的比较。

根据以上设定的条件，在随后的具体测算中，将逐步排除明显不合理的模型，最终选择适当的模型形式。

2 数据收集与精制

为了进行准确的测算，一个较大的样本数量是十分必要的。然而，1980 年以前的可获得的样本数据不多，尤其是时间序列时期较短。为了弥补这一不足，本文选用全国 30 个省份的截面数据作样本（将 1997—2003 年重庆市的农林牧渔业总产值、要素投入数据归入四川省计算，这样就保证了截面数据的前后一致），使得原来的样本数量可以增加 30 倍，从而近似地估算全国的数据。

2.1 数据的收集

选定的产出变量为农林牧渔业总产值，投入要素包括：农业生产过程中的物质投入、农业劳动力投入和土地投入。另外，由于农业生产受自然因素影响较大，还选择了气候自变量。

农林牧渔业总产值及投入要素数据主要来源于 1986—2004 年的《中国农业年鉴》和《中国统计年鉴》①，各省份农业总产值用各省份农林牧渔业产值加总得到，其计算方法是所有农林牧渔业产品及其副产品的产量乘以各自的单价。全国及各省份农业总产值可比价格指数数据可以从年鉴中直接获得，作为剔除价格影响的重要参数。物质投入包括生产过程中实际消耗的各种劳

---

① 1985 年以前的各省数据很难得到，且统计口径不一，人为外推到 1980 年后得出的结果差强人意，因此，本文仅利用现有的实际投入数据进行测算，力求测量的精确。

动对象（包括化肥、电、机械、种子、农药等费用）、固定资产折旧（农机具、设备、仓库、畜圈等的磨损）以及劳务费用（如设备维修费用、产品运输费用等），从统计年鉴中也可以直接收集。农业劳动力投入量采用一定时期内生产过程中实际投入的劳动力数量，没有考虑劳动力的质量差异，这是由于受到资料来源的限制，以及从较长时期看，劳动力质量提高与劳动时间和劳动强度降低并存，且前者与后两者之间存在一定程度的抵消作用。因此，这里选用全国和各省份农业劳动力人数作为劳动力投入量的基础数据。土地投入应包括农林牧渔业所有土地的投入。鉴于林业中经济林的土地投入数据无法收集，且投入不大，以及草原面积（变化较小）对牧业产值增长的影响较小，其面积也可忽略不计，具体测算时采用了当年农作物的播种面积与当年渔业用地面积（淡水养殖+海水养殖）之和近似替代土地投入。气候自变量以当年的旱涝成灾面积与总播种面积的比值表示。

这里需要说明的一点是，1990年以前的农林牧渔业总产值、物质投入及农业劳动力的统计口径中实际上包括了副业。当时的副业主要是指采集野生植物果实、纤维、树胶、树脂、油料以及材草、野生药材、菌类等，捕猎和饲养野生动物以及农民家庭兼营商品性工业这三部分。但是，本文并没有在1990年以前的产值及投入中剔除副业这一项，这是因为1990年以后统计年鉴中副业虽然被取消了，但副业中的采集野生植物果实等、农民家庭兼营商品性工业这两部分被归入小农业，而捕猎和饲养野生动物则被归入牧业，这只是统计内容的重新安排，实质上并未影响总产值及相关投入的一致计量。

2.2 数据的精制

数据的精制是指数据在放入模型之前必须经过处理，使数据具有一致性并代表可比序列，以便研究特殊现象（因特里格特，2004）。数据的精制主要包括数据时间上的统一、奇异数据的剔除、数据的补全等工作。本研究中对数据的精制工作包括：①利用各省份农业总产值可比价格指数将农业总产值统一折算到基准年，本研究以1985年为基准年。折算后的当年农业总产值=上年农业总产值×可比价格指数（上年=100）。②物质费用的折算是根据各年农业物质费用同农业总产值的比重与当年农业总产值的折算值的乘积求得。折算后的当年物质投入=当年物质费用×折算后的当年农业总产值/当年农业总产值。

3　模型的估计

3.1　综列数据的 F 检验

根据所列出的判断原则①，如果截距项和斜率项都相等，即 $\alpha_i = \alpha_j$，$B_i = B_j$，那么，截面个体之间差异不大，不必设定二者变化的模型形式；如果截距项不同，斜率项相同，即 $\alpha_i \neq \alpha_j$，$B_i = B_j$，那么，截面个体差异较大，要设定变截距模型；如果截距项和斜率项都变，即 $\alpha_i \neq \alpha_j$，$B_i \neq B_j$，说明除了个体影响外，截面上还存在变化的经济结构，设定变系数模型较为合适。在 3 种情况下，可以得到模型的参差平方和，分别为 S_1、S_2、S_3。构造 F 统计量（李子奈和叶阿忠，2000），其中，n 表示截面样本数量，K 表示解释变量个数，T 表示年份。

$$F_1 = \frac{(S_2 - S_1)/[(n-1)K]}{S_1/[nT - n(K+1)]} \sim F[(n-1)K,\ n(T-K-1)]$$

$$F_2 = \frac{(S_3 - S_1)/[(n-1)(K+1)]}{S_1/[[nT - n(K+1)]]} \sim F[(n-1)(K+1),\ n(T-K-1)]$$

当 F_2 小于临界值时，就接受截距和斜率在不同的截面样本点和时间上都相同的假设；当 F_2 大于临界值时，就拒绝上述假设，这时再验证 F_1。当 F_1 小于临界值时，就接受截距变化、斜率不变的假设；当 F_1 大于临界值时，就接受截距、斜率均变化的假设。

利用 30 个省份 19 年的数据，应用 EViews 软件，本文对 3 种情况下的模型进行了回归，得出 S_1、S_2、S_3 的值分别为 0.278、5.35、11.07。F_1、F_2 的计算结果分别为 49.04、86.9，查表得它们的临界值分别为 1.37、1.32。从计算结果可以看出，F_1 和 F_2 的统计值都远远大于其临界值。因此，本文选择了斜率和截距项都变化的模型。

3.2　对投入要素份额变动趋势的判定

利用收集到的数据，首先对物质、农业劳动力、土地 3 种投入要素的份额分别做了计算。物质费用的份额用经过折算后的物质费用与总产值的比值表示；由于缺乏农业劳动力工资数据，农业劳动力要素份额就用当年农民人均纯收入乘以农业劳动力总量，再除以农业总产值表示。众所周知，中国农业用地一直没有可以衡量的价格，不能像计算劳动力要素份额那样来计算土地要素份额。但是，在知道物质费用和农业劳动力要素份额之后，土地要素份额大致可以归为从总份额中减去二者之后的余值。表 1 是计算得出的 3 种投入要素的份额。

表 1　物质费用、农业劳动力、土地 3 种投入要素的份额

年份	物质费用份额	农业劳动力要素份额	土地要素份额
1985	0.312	0.333	0.355
1986	0.322	0.322	0.356
1987	0.325	0.305	0.369
1988	0.349	0.292	0.359
1989	0.356	0.299	0.345
1990	0.347	0.299	0.354
1991	0.354	0.297	0.349
1992	0.362	0.294	0.344
1993	0.374	0.279	0.347
1994	0.400	0.253	0.347
1995	0.410	0.251	0.339
1996	0.408	0.265	0.327
1997	0.412	0.276	0.313
1998	0.407	0.288	0.305
1999	0.410	0.297	0.293
2000	0.413	0.297	0.290
2001	0.411	0.293	0.295
2002	0.412	0.289	0.299
2003	0.410	0.276	0.314

根据所测算的要素份额值，给出了要素变动趋势曲线图（图 1）。

从以上计算结果和投入要素份额的变动趋势不难看出，物质费用在农业总产值中的比值总体上呈递增的趋势。这说明，长期以来中国农业产出增长对物质投入的依赖很大。2000 年以后，该指标基本平稳且有些许下降，这表明，中国农业发展的阶段转换已经反映在物质投入和生产方式变化方面。农业劳动力所占份额大致呈现先减后增的趋势，这与 20 世纪 90 年代后期农业劳动力不断流向城市以及农村人口素质不断提高是紧密相关的。与物质费用份额的变动趋势相反，土地份额总体呈现递减趋势，2000 年以后有所增加。

根据初步判定，3 种要素份额的变动呈抛物线趋势，这就可以排除模型设定中关于投入要素弹性是时间的一次函数以及是人均资本占有量的函数的设定，因为这两种方程设定所得出的投入要素弹性的变动呈一致递减或者递增的趋势（投入要素弹性是时间的一次函数时，弹性值的变动趋势为一条直线；

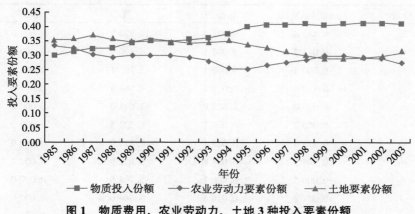

图1 物质费用、农业劳动力、土地3种投入要素份额

投入要素弹性是人均资本占有量的函数时，其变动趋势也为一致递减或者递增的趋势），这不能反映出抛物线的趋势。因此，下面只考虑投入要素弹性是时间的二次函数的形式。

3.3 生产函数的确定

根据以上的判断，模型的形式最终确定为：

$$\ln Y_{jt} = (b_0 + b_1 \times t + b_2 \times t^2)\ln X_{ijt} + (c_0 + c_1 \times t + c_2 \times t^2)\ln X_{2jt} + (d_0 + d_1 \times t + d_2 \times t^2)\ln X_{3jt} + e \times W_{jt} + s \times T_t + \sum f_j \times D_j + \varepsilon_{jt}$$

其中，Y_{jt} 表示第 t 年第 j 省份农林牧渔业总产值（$j=1$，2，3，……，30）；t 表示年份；X_{ijt}（$i=1$，2，3）依次为第 t 年第 j 省份的物质投入、农业劳动力投入、土地投入，单位依次为亿元、万人、千公顷；b_n、c_n、d_n（$n=0$，1，2）分别是投入要素弹性代数式的系数；e 表示天气变量对产出的影响；W_{jt} 为第 t 年第 j 省份的天气变量；s 是时间变量对产出的影响；T_t 为时间变量；f_j 为各省份回归截距值；D_j 为省级虚变量；ε_{jt} 为随机扰动项。

另外，为了消除截面数据作样本时出现的异方差问题和时间序列中的自相关问题，分别采用加权最小二乘法（WIS）和 Cochrane-orcutt 迭代法加以处理；还考虑到模型仅就中国各省份数据资料进行研究，所以，选择了固定效应（FEM）方法。利用收集到的 1985—2003 年 30 个省份共 570 组数据，对存在时空差异情况下的农业技术进步模型进行估计，回归结果如表2所示。

表2 生产函数的回归结果

变量	回归系数	标准差	t 值	概率
b_0	0.443 6	0.025 0	17.774 2	0.000 0
b_1	0.014 2	0.002 2	6.490 9	0.000 0
b_2	-0.000 3	0.000 1	-3.103 1	0.002 0
c_0	0.138 4	0.027 9	4.968 3	0.000 0
c_1	-0.020 0	0.002 8	-7.071 0	0.000 0
c_2	0.000 8	0.000 1	6.221 5	0.000 0
d_0	0.259 0	0.033 1	7.825 0	0.000 0
d_1	0.005 7	0.001 8	3.072 9	0.002 2
d_2	-0.000 5	0.000 1	-5.701 5	0.000 0
e	-0.087 8	0.016 4	-5.344 0	0.000 0
s	0.042 8	0.004 3	9.997 6	0.000 0
R^2		0.999 894		
调整后的 R^2		0.999 886		
F 值		494 594.1		
DW 值		0.965 369		

注：这里省去了30个省级虚变量的回归值。

从回归结果来看，11个变量系数在1%的显著性水平上全部通过 t 检验，R^2 和调整后的 R^2 均大于0.99，DW 值为0.965 369。从模型本身的统计检验值来看，模型的拟合程度较好。再根据所测定的投入要素弹性代数式的具体形式，计算1985—2003年物质费用、农业劳动力、土地的弹性值，详见表3。

表3 1985—2003年物质费用、农业劳动力、土地的弹性值

年份	物质费用弹性	农业劳动力弹性	土地弹性
1985	0.458	0.019	0.264
1986	0.471	0.102	0.268
1987	0.484	0.086	0.271
1988	0.496	0.072	0.273
1989	0.508	0.060	0.274
1990	0.520	0.049	0.274
1991	0.531	0.040	0.273
1992	0.541	0.033	0.270
1993	0.551	0.027	0.267
1994	0.560	0.023	0.262
1995	0.569	0.021	0.257

（续表）

年份	物质费用弹性	农业劳动力弹性	土地弹性
1996	0.577	0.020	0.250
1997	0.585	0.021	0.242
1998	0.593	0.024	0.234
1999	0.599	0.028	0.224
2000	0.606	0.034	0.213
2001	0.611	0.042	0.201
2002	0.617	0.051	0.188
2003	0.621	0.062	0.174

根据测算的弹性的变动结果，给出了其变动趋势图，如图 2 所示。

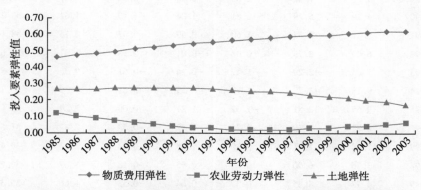

图 2　1985—2003 年物质费用、农业劳动力、土地的弹性变动趋势

观察图 2，并与前面所得出的完全市场条件下的要素份额的变动趋势相比较，3 种投入要素弹性的变动趋势与其十分接近：物质要素弹性呈递增的态势，农业劳动力弹性先减后增，土地弹性基本呈现递减趋势。

从参数估计的一致性来看，测定的各要素投入弹性的取值范围以及符号与其应有的意义也是相符合的，物质要素弹性的取值范围在 0.458~0.621，农业劳动力弹性值在 0.062~0.119，土地弹性值的变动范围在 0.174~0.274，都是弹性取值的正常区间。天气变量的符号为负，说明气候灾害对农业增长有负作用，这也是符合现实情况的。

3.4　农业技术进步贡献率的测算

根据测定的弹性值，利用索洛余值法，计算出技术进步率，再用技术进步率比上当年的农业总产值增长率，就是农业技术进步贡献率。

用经过平滑处理后的产值、物质投入、农业劳动力投入、土地投入计算其年际增长率。天气对农业技术进步贡献率的影响，是根据每年的成灾率比上年的增减情况再乘以回归结果（-0.087 8）而得。最终测算的1985—2003年各年中国农业技术进步贡献率见表4。

表4　1986—2003年技术进步贡献率测算结果　（单位:%）

年份	产值增长率	物质费用增长率	劳动力增长率	土地增长率	天气变化率	技术进步率	技术进步贡献率
1986	4.23	7.08	-0.88	0.32	0.54	0.90	20.52
1987	4.37	8.51	1.20	0.34	-0.60	0.05	0.69
1988	4.22	7.74	2.13	0.57	0.07	0.07	2.36
1989	4.91	7.02	2.60	0.78	0.44	0.97	19.73
1990	4.79	5.29	2.81	1.06	-1.40	1.61	33.21
1991	5.87	6.57	1.60	0.59	0.97	2.15	38.14
1992	6.03	8.75	-0.08	-0.01	0.18	1.31	20.68
1993	7.65	12.29	-1.47	-0.14	-0.61	0.96	12.32
1994	9.18	13.79	-1.70	0.39	0.61	1.39	15.78
1995	9.65	12.51	-1.02	1.21	0.09	2.24	22.61
1996	8.87	9.39	-0.26	1.42	-0.53	2.81	31.56
1997	7.28	7.01	0.30	1.38	0.44	2.83	39.45
1998	3.76	6.00	0.64	0.95	-0.18	1.97	33.75
1999	4.72	4.85	0.37	0.64	-0.53	1.66	35.36
2000	4.16	4.50	-0.18	0.12	0.18	1.41	34.51
2001	4.25	4.34	-0.94	-0.25	0.35	1.68	39.42
2002	4.33	4.11	-1.58	-0.70	-0.35	2.00	45.97
2003	4.15	3.95	-1.61	-0.71	-0.02	1.92	46.55

根据计算结果，做出农业技术进步贡献率的趋势变动图（图3）。

从上述结果可以明显看出，近20年中国的农业技术进步贡献率总体上不断上升，但存在阶段性、周期性波动。将计算结果和朱希刚（2002）、顾焕章（1994）等一批学者测算的中国每个"五年计划"时期的农业平均技术进步贡献率相比较，本文的计算结果略低。

另外，以1987年、1991年、1993年和1997年为4个拐点，可以把农业技术进步贡献率的变动分为5个阶段。再根据赵芝俊和张社梅（2005）在《我国农业技术进步源泉及其定量测定分析》一文中对农业技术进步贡献率影

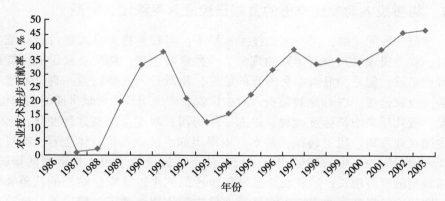

图 3 1986—2003 年农业技术进步贡献率的变动趋势

响因素的分析，把形成这 5 个阶段的原因进行了汇总（表5）。

表 5 农业技术进步贡献率阶段性波动原因汇总

	政策因素	技术因素	农业服务
第一阶段（1985—1988 年）	政策作用下降，财政投入减少，农资价格上涨	新技术少，结构调整技术少	村组解体，公共服务减少
第二阶段（1988—1991 年）	实施"菜篮子"工程、"星火计划"以及"丰收计划"	推广力度大，新技术采用多	市场化运行，公共服务开始出现
第三阶段（1991—1994 年）	农民负担重，农业无利可图	技术采用少，投入下降	农业技术推广改革导致线断、网破、人散
第四阶段（1994—1998 年）	搞粮棉大县，实施农资流通改革和粮食提价政策	好政策激励下大批新技术被采用	产业化、市场化、社会化服务起作用
第五阶段（1998—2003 年）	政策手段缺少，供求形势差，农民积极性缺乏	有效技术少，推广效率低	社会化服务、产业化经营逐步发展

4 结论及简要分析

本研究是利用 1985—2003 年中国 30 个省份的综列数据，建立投入要素弹性变动情况下的农业生产函数，以测定中国农业技术进步贡献率的变动趋势。模型与设定的 5 个检验条件相比较，都得到了比较满意的结果。另外，就整个研究而言，通过分析和判断，还得出了以下一些结论。

4.1 物质投入对农业产出的贡献已经进入平稳增长时期

按照一般的理解，在一定的技术水平下，当农业物质投入超过最佳临界点时，就会出现投入报酬递减的现象。一些学者推测，物质要素份额可能已经开始递减。但是，根据本文测算的结果，物质投入的弹性值一直呈递增的趋势，也就是说，17 年来物质投入对中国农业产出增长的贡献呈递增的趋势，但是，近几年来增长速度减缓，进入了平稳增长时期。出现这种变化，再结合中国农业发展阶段的转换，基本可以得出如下结论：从总体上看，在过去很长一段时间内，中国农业产出增长总体上还属于物质投入推动型的增长，即粗放型的经济增长；随着农业发展新阶段的到来以及农业结构的调整和资源配置效率的提高，物质投入在经济增长中的作用出现了平稳发展且增速减缓的可喜局面。另外，农业技术进步水平的不断提高，不断抬高农业生产函数的前沿面（李京文和钟学义，1998），抑制不利于农业增长因素的影响，从而延缓报酬递减规律发生作用。要持续、稳定地推进这种效应，国家就必须不断加大、加快农业科学技术的研究和推广应用。

4.2 现阶段，农业技术进步贡献率是一个与政策导向密切相关的指标

纵观近 20 年农业技术进步贡献率的变化情况及其背后原因，可以发现：在过去的 20 年中，它与农业政策关系密切。主要可能原因：在中国目前的情况下，农业作为弱质产业（生产规模小、农民素质低、服务跟不上、市场不稳定等），农民是否采用新技术在很大程度上取决于农业从整体上是否有利可图，也取决于在政府主导下的农业技术推广服务组织是否获得政府支持，并愿意和能够为农业生产提供技术服务。

4.3 农业技术进步贡献率的测算可以与国家每一个"五年计划"不同步

从农业技术进步贡献率变动趋势所反映出来的周期性来看，技术进步对农业产出增长的贡献并不是与国家的每一个"五年计划"同步，这一点对政策的制定意义重大。也就是说，如果仅以每一个"五年计划"时段来测算中国的农业技术进步贡献率，可能会掩盖农业技术进步中出现的问题，进而不能有的放矢地制定切实有效的农业技术进步政策。因此，测算农业技术进步贡献率首先必须了解其主要影响因素和变化规律。

参考文献

顾焕章，王培志，1994. 农业技术进步对农业经济增长贡献的定量研究［J］. 农业技术经济（5）：11-15.

国家统计局，1992. 中国农业年鉴［M］. 北京：中国统计出版社.

李京文，钟学义，1998. 中国生产率分析前沿［M］. 北京：社会科学文献出版社.

李子奈，叶阿忠，2000. 高等计量经济学［M］. 北京：清华大学出版社.

孙中才，1994. 农业技术进步趋势分析［J］. 农业技术经济（5）：8-10.

温铁军，2001. 中国 50 年来 6 次粮食供求波动分析［J］. 山东省农业管理干部学院学报（2）：7-9.

［美］亚尔·蒙德拉克，2004. 农业与经济增长［M］. 北京：经济科学出版杜.

易丹辉，2002. 数据分析与 EViews 应用［M］. 北京：中国统计出版社.

［美］因特里格特，等，2004. 经济计量模型技术与应用［M］. 北京：中国社会科学出版社.

赵芝俊，张社梅，2005. 农业技术进步源泉及其定量测定分析［J］. 农业经济问题（增刊）：70-75.

朱希刚，1994. 农业技术进步及其"七五"期间内贡献份额的测算分析［J］. 农业技术经济（2）：2-10.

朱希刚，1997. 农业技术经济分析方法及应用［M］. 北京：中国农业出版社.

朱希刚，2002. 我国"九五"时期农业科技进步贡献率的测算［J］. 农业经济问题（5）：12-13.

后记

本文是与 2004 级博士研究生张社梅在世界银行第四期技术合作贷款项目"国家农业政策分析平台与决策支持系统（A29）"的资助下完成的一篇学术论文，发表在《中国农村经济》2006 年第 3 期。本研究尝试从农业生产投入要素弹性变动这一假设出发，构建一种新的生产函数测算模型，并据此测算了 1986—2003 年我国农业技术进步贡献率及其变化情况，该篇论文对于探索农业技术进步贡献率的测算方法，把握我国农业技术进步发展变化趋势有一定的参考价值。

中国农业技术进步贡献率测算
及分解：1985—2005[*]

赵芝俊　袁开智

摘　要：本文基于超越对数随机前沿模型，采用分省面板数据对20年来（1985—2005年）我国农业技术进步与总产出增长进行了定量研究，测算出各年度的要素弹性和农业技术进步贡献率，并将农业技术进步率作了定量分解。研究表明，技术进步已成为我国农业可持续增长的主要来源，而狭义农业技术进步始终是其中最主要的组成成分，其中又以中性技术进步模式为主。

关键词：农业；技术进步率；分解

技术进步对经济增长的巨大推动作用毋庸置疑。自20世纪50年代，Solow对经济增长理论所做的开创性工作以来，如何将技术进步对经济增长的促进作用定量测度出来，就成了理论界不断探索的一个热点领域。

在现实中，农业技术进步贡献率作为衡量农业技术进步对农业产出增长贡献大小的定量指标，是各级政府特别是农业主管部门决策与考核的重要依据，一直以来都受到高度重视。《国家中长期科学与技术发展规划（2006—2020）》就明确地将技术进步贡献率指标列入其中并提出了具体的发展目标。因此，科学测算农业领域技术进步对农业经济增长的贡献率具有重要现实意义。

1　文献综述

自20世纪80年代起，国内农经界开始在索洛余值法的基础上探索技术进步贡献率的测算方法。朱希刚最早使用索洛余值法，建立C-D生产函数模型测算出我国从"一五"至"九五"时期各个阶段的技术进步贡献率。1997年1月农业部下发了"关于规范农业科技进步贡献率测算方法的通知"，正式

---

　* 基金项目：本研究得到中央级公益性科研院所基本科研业务费专项资金（中国农业科学院农业经济与发展研究所）和农业部2009年行业专项资助。

将这种方法确定为计算农业技术进步贡献率的国家试行标准。此后，应用该方法计算各时期、各区域科技进步贡献率的文献不断涌现。与朱希刚的思路有所不同，顾焕章等（1994）利用确定性前沿生产函数对我国农业技术进步贡献率进行了测算，这种研究方法是国内最早的计算农业技术效率的工作，并对技术进步与技术效率的关系做了有益的探索。此后，随着数理统计和计量经济学估计方法的不断进步，确定性前沿方法已被随机前沿所取代。还有一些学者针对索洛余值法的理论缺陷不断提出技术进步贡献率的其他定义及测算方法。陈凯（2000）提出技术进步应定义为促使经济效益提高的要素和结构改进以及资源配置优化，并设计了一整套基于要素结构进化率和要素替代弹性的指数和模型。对于运用参数估计的方法测算技术进步贡献率，生产函数形式的选择至关重要。除了传统的 C-D 函数外，农经界还做了其他的探索。胡瑞法和袁飞（1994）就曾运用 Translog 函数计算要素替代弹性和技术进步率对浙江省六地区的农业生产状况进行了分析。樊胜根等（1995）构造了一种要素弹性呈线性变动趋势的 Quasi-translog 函数，用以测算中国的技术进步率。赵芝俊等（2006）则通过函数形式检验，确定了一种要素弹性与时间呈二次关系的生产函数，用以解释改革开放后农业生产要素的变动趋势。此外，还有学者提出了要素弹性与时间呈 Logistic 函数关系、四次函数关系等各类生产函数模型。除上述参数方法外，基于各类 TFP 指数的非参数方法的研究也很多。孟令杰（2000）最先引入 Malmquist 全要素生产率指数和 DEA 方法。这种方法不仅可以计算技术进步贡献率，还可以对广义技术进步率作 3 个部分的分解，对于深入探究技术进步的内涵，以及明确其促进经济增长的作用机理具有重要意义。此后，采用这种非参数方法的研究层出不穷。

其实，对广义技术进步率作分解并不是非参数方法的专利，近年来理论界也在探讨使用参数方法进行分解。杨军（2003）就通过构造畜牧业生产函数将广义技术进步率分解为狭义技术进步率和技术效率。中国科学院农业政策研究中心也有工作论文探讨了农业 TFP 的分解及其经济解释。本文的研究就是继续深入这方面的工作。

2 理论方法和数据

2.1 全要素增长率的分解

传统的索洛余值方法是用总产值增长率分别减去各要素产出弹性与要素投入增长率之积后的剩余来表示全要素增长率的大小。换言之，除了由要素投入引起的增长，其他所有使总产出增长的因素都被包括在全要素增长率之内。形象地说，这种方法计算出来的全要素增长率就好比一个大"杂物袋"，其中一部分属于技术进步的范畴，而另一部分则不然，如天气因素、制度因素等。因此，进一步的研究要求对广义技术进步率进行分解，以更加准确分析技术进步对经济增长的贡献到底有多大，更为细节化的作用途径有哪些。目前，为理论界所普遍认可的一种分解方法是将技术进步根据其促进产出的途径，分为狭义技术进步、规模报酬提高收益、要素配置改进收益和技术效率的提高4个部分。

通过数理方法将以上4个部分定量测算出来后，再把它们加总起来，得到的就是全要素增长率。从理论原理上看，这种"做加法"的全要素增长率测算方法与索洛余值法的"做减法"相比，可以把非技术进步的因素剔除在外。

2.2　分解的数理方法

2.2.1　用 Translog 生产函数计算狭义技术进步率

一个好的生产函数应当符合以下标准：能够表示偏性技术进步；函数形式简单，易于估算。由 Christensen、Jorgenson 和 Lau（1973）提出的超越对数（Translog）生产函数就是符合上述标准的一种可行的函数设定：

$$\ln Y = \ln F(\ln X_i, \ t) = \left(\alpha_0 + \alpha_1 t + \frac{1}{2}\alpha_2 t^2\right) + \sum_{i=1}^{3}(\beta_i + \beta_{Ai}t)\ln X_i +$$

$$\frac{1}{2}\sum_{i=1}^{3}\sum_{j=1}^{3}\beta_{ij}\ln X_i \ln X_j + u \tag{1}$$

其中，X_i 分别表示3种不同的生产要素，α_i、β_i、β_{Ai}、β_{ij} 为待估参数，且 $\beta_{ij}=\beta_{ji}$。可以看出，Translog 生产函数采取简单的对数线性形式，参数估算比较简便。在 Translog 生产函数中，狭义技术进步率的计算公式为：

$$\dot{TP} = \frac{\partial \ln F(\ln X_i, \ t)}{\partial t} = (\alpha_1 + \alpha_2 t) + \sum_{i=1}^{3}\beta_{Ai}\frac{d\ln X_i}{dt} \tag{2}$$

（2）式表明，狭义技术进步率可以分解为用（$\alpha_1 + \alpha_2 t$）表示的中性技术进步和对单个投入要素发挥作用的偏性技术进步 $\sum_{i=1}^{3}\beta_{Ai}\dfrac{d\ln X_i}{dt}$ 之和。

在 Translog 生产函数中，要素 X_i 的产出弹性为：

$$\varepsilon_i = \frac{\partial \ln F(\ln X_i, \ t)}{\partial \ln X_i} = (\beta_i + \beta_{Ai}t) + \sum_{j=1}^{3}\beta_{ij}\ln X_j \tag{3}$$

（3）式中弹性公式与传统的基于 C–D 函数的固定弹性值有明显的区别，

除了原来的固定值 β_i 外，还有另外两个组成部分。一是随时间变动的部分，其具体大小与该要素偏性技术进步作用相关。二是随要素投入量变动的部分，其具体大小与 β_{kj} 正相关，β_{kj}（$k \neq j$）表示的是要素投入之间的交互作用。

2.2.2 用随机前沿函数测算技术效率

我们可以用随机前沿函数测算技术效率。随机前沿函数将误差项分为不可控（v）和技术效率（u）因素两部分，函数形式为：

$$\ln Y_{kt} = \ln f(X_{kt}, \ t; \ \beta) + v_{kt} - u_{kt} \tag{4}$$

（4）式中 $f(X_{kt}, \ t; \ \beta)$、Y_{kt}、X_{kt} 分别表示第 k 个单位第 t 年能够达到的最大产出函数、实际产出、所有解释变量，它们构成了一组面板数据；t 是时间趋势项，作为技术进步的代理变量；β 代表所有待定系数；不可控的随机误差项 v_{kt} 被假定服从正态分布 $v_k \sim \sigma_v^2$，并且与技术效率误差项 u_{kt} 相互独立。

关于技术效率误差项 u_{kt} 的概率分布，本文的设定是基于 Battese 和 Coelli（1992）的工作。它假设 u_{kt} 在横截面上服从非负截断正态分布（non-negative truncations of the normal distribution），即：

$$u_{kt} \sim | N(\mu_t, \ \sigma_{u_t}^2 |, \ k = 1, \ 2, \ \cdots, \ 31, \tag{5}$$

而在时间序列上则以一递减速率递增（increase at a decreasing rate with time-varing），代表技术效率随着时间推移单调上升：

$$u_{kt} = u_{kT} e^{-\eta(t-T)} \tag{6}$$

其中，$\eta > 0$，$t = 1, \ 2, \ \cdots, \ T$。记第 k 单位第 t 年总误差项为 $E_{kt} = \ln Y_{kt} - f(X_{kt}, \ t; \ \beta) = v_{kt} - u_{kt}$，由于随机误差项 v_{kt} 与技术效率误差项 u_{kt} 相互独立，故

第 T 年总误差项 E_{kt} 的方差 $\sigma_{E_T}^2 = \sigma_v^2 + \sigma_{u_T}^2$，定义 $\Gamma = \dfrac{\sigma_{u_T}^2}{\sigma_{E_T}^2}$，它反映技术无效率项对实际产出偏离的相对重要程度。γ 越大，考虑技术效率因素的必要性就越强。显然，知道 $\sigma_{E_T}^2$ 和 γ 与知道 σ_v^2 和 $\sigma_{u_T}^2$ 是等价互推的，所以误差部分需要估计的系数只有 μ_t、η、$\sigma_{E_T}^2$、γ（或 σ_v^2、$\sigma_{u_T}^2$）。通过对误差项设定的讨论可看出，随机前沿函数的待估参数（β 和 μ_t、η、$\sigma_{E_T}^2$、γ）无法通过最小二乘法来估算，而要用极大似然法来估算。

由技术效率的定义可知：

$$TE_{kt} = e^{-\hat{u}_{kt}} = E(e^{-u_{kt}} | E_{kt}) \tag{7}$$

其中，$E_{kt} = (E_{k1}, \ E_{k2}, \ \cdots, \ E_{kT})$。技术效率变化率计算公式为：

$$\dot{TE}_{kt} = -\frac{\partial \hat{u}_{kt}}{\partial t} \tag{8}$$

2.2.3 全要素增长率分解公式

为了对广义技术进步贡献率进行完全分解，我们还需引入 Divisia 全要素

增长率指数公式，其形式为：

$$T\dot{F}P = d\ln Y/dt - \sum_i S_i \cdot d\ln X_i/dt \qquad (9)$$

其中，$S_i = \dfrac{\omega_i X_i}{\sum \omega_i X}$，$\omega_i$ 为第 i 种要素的价格。

根据前面超越对数随机前沿函数中技术效率的定义，有：

$$\ln Y = \ln F(\ln X_i, \ t; \ \beta) - u(u > 0) \qquad (10)$$

其中，u 为技术效率误差项。对两边关于时间 t 求导数，得：

$$\frac{d\ln Y}{dt} = \frac{\partial \ln F}{\partial t} + \sum_i \frac{\partial \ln F}{\partial \ln X_i}\frac{d\ln X_i}{dt} - \frac{\partial u}{\partial t} = \dot{T}P + \sum_i \varepsilon_i \frac{d\ln X_i}{dt} + \dot{T}E \qquad (11)$$

将 Divisia 全要素增长率指数公式代入，得：

$$T\dot{F}P = \dot{T}P + \sum_i (\varepsilon_i - S_i)\frac{d\ln X_i}{dt} + \dot{T}E = \dot{T}P + (\varepsilon - 1)\sum_I \frac{\varepsilon_i}{\varepsilon}\frac{d\ln X_i}{dt} + \sum_i \left(\frac{\varepsilon_i}{\varepsilon} - \right.$$

$$\left. S_i\right)\frac{d\ln X_i}{dt} + \dot{T}E \qquad (12)$$

（12）式就是 Kumbhakar 全要素增长率分解公式。第二行等式右边第一项和第四项分别就是前面 Translog 生产函数求出的狭义技术进步率和随机前沿生产函数求出的技术效率变化率。

等式右边第二项则表示规模报酬收益率，它等于投入要素增长率以标准化弹性（即弹性份额）为权重做加权平均后的规模报酬递增的部分。其中 $\varepsilon = \sum \varepsilon_i$，称为规模报酬指数。根据 ε 与 1 的大小，农业产出情况有规模报酬递增、不变和递减。显然，如果规模报酬不变，则规模报酬收益率恒为零；如果规模报酬递增，则增加投入要素可以获得正的规模报酬收益率；如果规模报酬递减，则减少投入要素可以获得正的规模报酬收益率。

等式右边的第三项为资源（生产要素）配置效率变化率。它以标准化弹性与支出份额之差做权重，通过对要素投入增长率进行加权平均来定量测度要素配置方式改进的技术进步作用，其经济解释如下：如果一种要素的标准化弹性大于该要素支出占总支出的份额，反过来，必然存在另一种要素的标准化弹性小于其支出份额。那么我们应增加产出弹性大于支出份额的要素投入，减少产出弹性小于支出份额的要素投入，以在总支出不变的情况下获得更大的产出：即要素之间的比例（它通过要素投入之间增长率的不同来调节）要适当，否则弹性最终会随着该要素投入的增加和其他要素投入的减少而减少。在这种机制下，只有当 $\dfrac{\varepsilon_i}{\varepsilon} = S_i$ 时，才会达到资源规模配置效率的最优。而在规模配置最优处之外，各种要素投入的变化总会提高或降低资源配置效率，它也属于广义技术进步（全要素生产率变动）的范畴。

由上述理论原理可知，测算资源配置效率时需要使用价格数据。然而农业生产中土地和劳动力等生产要素很难获得准确的价格数据。我们可以根据舒尔茨的理性小农假设认为，在农户经营所面临的约束条件长期稳定的情况下，农户总是可以将各种生产要素调配到最优的均衡状态，或者至少达到一个很高的效率水平。因此应计入全要素增长率的要素配置效率变化率年度间变动很小，可以忽略不计。换言之，$\frac{\varepsilon_i}{\varepsilon} \approx S_i$。从而得到简化的 Kumbhakar 分解公式为：

$$\dot{TFP} = \dot{TP} + (\varepsilon - 1) \sum_i \frac{\varepsilon_i}{\varepsilon} \frac{d\ln X_i}{dt} + \dot{TE} \tag{13}$$

2.3 变量选取和数据来源

本文分别选取了农林牧渔业总产值、农林牧渔业物质消耗、乡村农林牧渔业从业人员、农作物播种及水产养殖面积变量作为总产出、物质投入、劳动力、土地变量，并都根据相应指数折算到基期（表1）。此外，考虑到农业生产与天气因素关系密切，本文还选取各地区当年成灾面积占农作物播种及水产养殖面积比例作为天气因素的代理变量，并将全国分为华北、东北、华东、华中、华南、西南、西北七大区域，设置了6个虚拟区域变量。

数据方面，本文数据均来自《中国统计年鉴》《中国农村统计年鉴》和《中国农业年鉴》（1986—2006 年），共包括全国 31 个省份 21 年共 636 个样本点，属非平衡面板数据，其中缺少的 15 个样本点源于行政建制的调整。

表1　实变量取值及其统计量

变量	截面数	观察值	最小值	最大值	均值	标准差
农林牧渔业总产值（亿元）	21	636	10.58	1 169.41	219.97	194.10
农林牧渔业物质消耗（亿元）	21	636	1.87	509.52	90.68	84.15
乡村农林牧渔业从业人员（万人）	21	636	57.9	4 333.0	1 064.2	886.5
农作物播种及水产养殖面积（万公顷）	21	636	20.96	1 415.27	515.30	351.71
成灾面积比例	21	636	0.003	0.767	0.137	0.103

数据来源：《中国统计年鉴》《中国农村统计年鉴》《中国农业年鉴》，1986—2006 年

3 模型及其计算结果

3.1 模型形式与估计方法

本文所采用的基于面板数据的超越对数随机前沿模型形式为：

$$\ln Y_{it} = \left(\alpha_0 + \alpha_1 t + \frac{1}{2}\alpha_2 t^2\right) + \sum_{k=1}^{3}(\beta_k + \beta_{Ak}t)\ln X_k + \frac{1}{2}\sum_{k=1}^{3}\sum_{j=1}^{3}\beta_{kj}\ln X_{kit}\ln X_{jit} +$$

$$\gamma_1 \text{disa}_{it} + \sum_{m=2}^{7}\gamma_m \text{region}_{mit} - u_{it} + v_{it} \tag{14}$$

其中，Y_{it} 表示第 t 年第 i 个生产单位（省份）农林牧渔业总产值，（$t=1$，2，$\cdots$，21，$i=1$，2，$\cdots$，31），X_{kit}（$k=1$，2，3）依次为该省份当年的农林牧渔业物质消耗、乡村农林牧渔业从业人员、农作物播种及水产养殖面积，即依次序有 $\ln X_1$ 记为 $\ln K$，$\ln X_2$ 记为 $\ln L$，$\ln X_3$ 记为 $\ln N$，disa_{it} 则为成灾面积占农作物播种及水产养殖面积比例。region_{mit}（$m=2$，3，$\cdots$，7）为 6 个区域虚变量，反映各省份所在的七大区域不同的农业自然生产条件与发展阶段，t 为时间趋势项，取值从 1 到 21。各个带下标的小写希腊字母 α、β、γ 表示待定参数。

随机前沿生产函数有两个误差项。其中，$u_{it} > 0$，为技术无效率项，我们假设它服从期望为 0、方差为 σ_u^2 的半正态分布，此外，我们假设对每一个生产单位而言 $u_{it} = u_{i21}\eta_t$，其中 η_t 表示一个与时间趋势有关的技术效率变化系数，其具体假设有多种形式，本文假设 $\eta_t = e^{-\eta(21-t)}$（$\eta > 0$），即技术效率呈现出单调递增的态势。v_{it} 为随机误差项，服从期望为 0、方差为 σ_v^2 的正态分布。u_{it} 与 v_{it} 相互独立，并且与各变量也相互独立。

对模型中的各个参数，由于存在两个误差项，普通的 OLS 失效，可以采取 MLE 方法进行估计，其具体计算过程可以通过专门的随机前沿统计软件 Frontier 4.1 来实现。

3.2 参数估计结果及其分析

本模型参数估计结果见表 2。我们注意到所有的估计值都通过了 t 检验，说明模型具有较好的解释力。$\Gamma = \dfrac{\sigma_u^2}{\sigma_u^2 + \sigma_v^2}$ 反映技术无效率项对实际产出偏离的相对重要程度，Γ 越大，考虑技术效率因素的必要性就越强。这个值等于 0.932，十分接近 1，说明实际产出与理论产出的差距主要是由生产的低效率造成的，需要应用随机前沿模型分析技术效率问题。

表 2　随机前沿生产函数参数的 MLE 估计值

变量	估计值	标准误	t 统计量
c（截距）	−0.189	0.052 6	−3.593
t	0.005 71	0.001 78	3.208
t^2	0.000 853	0.000 19	4.489
$\ln K$	0.553	0.118	4.686
$t \ln K$	−0.007 16	0.001 87	−3.831
$\ln L$	0.158	0.056 8	2.782
$t \ln L$	0.005 05	0.002 14	2.350
$\ln N$	0.369	0.072 5	5.090
$t \ln N$	0.002 68	0.001 09	2.459
$\ln K \ln L$	−0.003 63	0.001 50	−2.419
$\ln K \ln N$	−0.005 61	0.002 27	−2.476
$\ln L \ln N$	0.005 80	0.001 13	5.132
$\ln K \ln K$	0.008 85	0.001 49	5.939
$\ln L \ln L$	−0.001 18	0.000 508	−2.323
$\ln N \ln N$	−0.002 07	0.000 625	−3.312
Disa（灾害）	−0.038 2	0.011 9	−3.210
Region 2（东北）	0.274	0.083 5	3.264
Region 3（华东）	0.167	0.049 5	3.376
Region 4（华中）	0.203	0.070 9	2.864
Region 5（华南）	0.231	0.073 2	3.153
Region 6（西南）	0.072	0.019 3	3.734
Region 7（西北）	−0.156	0.041 2	−3.782
σ_u^2	0.171	0.050 1	3.419
η	0.191	0.053 7	3.566
$\Gamma = \dfrac{\sigma_u^2}{\sigma_u^2 + \sigma_v^2}$	0.932	0.020 7	45.084

　　模型的 t^2 项系数为正值，说明存在狭义技术进步。$\ln K \ln L$ 项为负值，说明资本与劳动的交互作用是反向的，也就是说，在研究期内，资本与劳动要素在农业生产中具有替代效应。$\ln K \ln N$ 和 $\ln L \ln N$ 项为正值，说明资本—土地、劳动—土地的交互作用是正向的，说明从经济学角度看，土地与劳动、土地与资本具有互补效应，这是因为土地要素是农业劳动的作用对象，也是物质投入转化过程的生产成果的物质载体。Disa 项的负值则度量了自然灾害

因素大约平均每年使农业产值减少 3.8%。

我们可以认为截距项反映了华北地区的自然生产条件与农业发展阶段对产出的影响，Region 2 到 Region 7 六个虚拟变量则以改变截距的方式定量度量了其他六个区域的情况。通过比较虚拟变量我们可以看出，七大区域中，农业生产条件最优越的是东北地区，东北、华南、华中三个区域的区域因素对总产出具有加成作用；农业生产条件最恶劣的是西北地区，华东、西南、华北、西北四个区域的区域因素对于总产出具有缩减作用。

3.3　要素产出弹性的计算

根据弹性计算公式，研究期内我国资本、劳动、土地 3 种要素的弹性如表 3 所示。

表 3　生产要素的产出弹性

年份	资本				劳动				土地			
	产出弹性	随技术进步变动部分	要素交互影响部分	自我强化（抵消）部分	产出弹性	随技术进步变动部分	要素交互影响部分	自我强化（抵消）部分	产出弹性	随技术进步变动部分	要素交互影响部分	自身强化（抵消）部分
1985	0.504	0.546	−0.104	0.062	0.194	0.163	0.044	−0.012	0.367	0.372	0.020	−0.025
1986	0.498	0.539	−0.104	0.063	0.199	0.168	0.043	−0.012	0.369	0.374	0.020	−0.025
1987	0.491	0.532	−0.104	0.064	0.204	0.173	0.043	−0.012	0.372	0.377	0.019	−0.025
1988	0.485	0.524	−0.104	0.065	0.208	0.178	0.042	−0.012	0.374	0.380	0.019	−0.025
1989	0.478	0.517	−0.105	0.065	0.213	0.183	0.042	−0.012	0.377	0.382	0.019	−0.025
1990	0.471	0.510	−0.105	0.066	0.218	0.188	0.042	−0.012	0.379	0.385	0.018	−0.025
1991	0.464	0.503	−0.105	0.066	0.223	0.193	0.042	−0.012	0.382	0.388	0.018	−0.025
1992	0.458	0.496	−0.105	0.067	0.228	0.198	0.042	−0.012	0.384	0.390	0.018	−0.025
1993	0.452	0.489	−0.105	0.068	0.233	0.203	0.041	−0.012	0.386	0.393	0.017	−0.025
1994	0.447	0.481	−0.105	0.070	0.237	0.209	0.041	−0.012	0.387	0.396	0.016	−0.025
1995	0.440	0.474	−0.105	0.070	0.242	0.214	0.041	−0.012	0.389	0.398	0.016	−0.025
1996	0.433	0.467	−0.105	0.071	0.247	0.219	0.040	−0.012	0.392	0.401	0.015	−0.025
1997	0.426	0.460	−0.105	0.071	0.252	0.224	0.040	−0.012	0.394	0.404	0.015	−0.025
1998	0.419	0.453	−0.105	0.072	0.257	0.229	0.040	−0.012	0.397	0.407	0.015	−0.025
1999	0.413	0.446	−0.105	0.072	0.261	0.234	0.040	−0.012	0.399	0.409	0.015	−0.025
2000	0.406	0.438	−0.105	0.072	0.266	0.239	0.040	−0.012	0.401	0.412	0.014	−0.025
2001	0.399	0.431	−0.105	0.073	0.271	0.244	0.040	−0.012	0.404	0.415	0.014	−0.025
2002	0.392	0.424	−0.105	0.073	0.276	0.249	0.040	−0.012	0.406	0.417	0.014	−0.025
2003	0.386	0.417	−0.105	0.074	0.281	0.254	0.039	−0.012	0.408	0.420	0.013	−0.025
2004	0.380	0.410	−0.105	0.075	0.286	0.259	0.039	−0.012	0.410	0.423	0.013	−0.025
2005	0.372	0.403	−0.105	0.074	0.291	0.264	0.039	−0.012	0.413	0.425	0.013	−0.025

注：根据弹性公式 $\varepsilon_k = \dfrac{\partial \ln F(\ln K, r)}{\partial \ln K} = (\beta_k + \beta_{Ak}t) + (\beta_{kl}\ln L + \beta_{kn}\ln N) + \beta_{kk}\ln K$ 计算。依据其经济学含义，将 $\beta_k + \beta_{Ak}t$ 归为随技术进步变动部分，$\beta_{kl}\ln L + \beta_{kn}\ln N$ 归为要素交互影响部分，$\beta_{kk}\ln K$ 作为要素自我强化（抵消）部分。劳动与土地弹性的计算与此类似，不再另行说明

由表3可以看出，我国资本要素弹性从1985年的0.50下降到2005年的0.37，呈现出十分显著的递减趋势，这表明单纯依靠加大物质投入的粗放型农业增长空间正变得越来越小。劳动要素弹性则从1985年的0.16上升到2005年的0.26，表现出稳步递增的态势，与之相伴的是研究期内农业劳动力占乡村总劳动力比例的不断减少，这表明大量农村剩余劳动力的转移使得我国农业生产率有了显著的提高。土地要素弹性稳中有升，从1985年的0.37上升到2005年的0.41。这提示我们在目前农业用地不断流失的大背景下，采取措施提高土地的产出效率不失为一种切实可行的弥补方式。

3.4 狭义技术进步率的计算

根据狭义技术进步率计算公式，研究期内我国狭义技术进步率测算结果见表4。

表4 狭义技术进步率与狭义技术进步贡献率

年份	狭义技术进步率	中性技术进步部分	偏性技术进步部分
1985	0.006 4	0.006 6	−0.000 2
1986	0.006 9	0.007 4	−0.000 5
1987	0.007 2	0.008 3	−0.001 1
1988	0.007 9	0.009 1	−0.001 3
1989	0.009 8	0.010 0	−0.000 2
1990	0.010 8	0.010 8	0.000 0
1991	0.011 6	0.011 7	−0.000 1
1992	0.011 5	0.012 5	−0.001 0
1993	0.011 7	0.013 4	−0.001 7
1994	0.012 2	0.014 2	−0.002 0
1995	0.014 5	0.015 1	−0.000 6
1996	0.016 0	0.015 9	0.000 1
1997	0.017 3	0.016 8	0.000 5
1998	0.018 0	0.017 7	0.000 4
1999	0.018 6	0.018 5	0.000 1
2000	0.019 4	0.019 4	0.000 1
2001	0.020 1	0.020 2	−0.000 1
2002	0.020 9	0.021 1	−0.000 2
2003	0.021 0	0.021 9	−0.000 9

（续表）

年份	狭义技术进步率	中性技术进步部分	偏性技术进步部分
2004	0.022 1	0.022 8	−0.000 7
2005	0.023 6	0.023 6	−0.000 1

注：根据狭义技术进步率公式 $\dot{TP} = \dfrac{\partial \ln F(\ln X_i, \ t)}{\partial t} = (\alpha_1 + \alpha_2 t) + \sum_{i=1}^{3} \beta_{Ai} \cdot \dfrac{d\ln X_i}{dt}$ 计算。依据其经济学含义，将 $\alpha_1 + \alpha_2 t$ 归为中性技术进步部分，$\sum_{i=1}^{3} \beta_{Ai} \cdot \dfrac{d\ln X_i}{dt}$ 则是分别施加于资本、劳动、土地 3 种生产要素的偏性技术进步之和

由表 4 可以看出，目前中性技术进步是我国技术进步的主要类型，其占狭义技术进步的绝大部分，而偏性技术进步部分则可能会出现负值的情况。就狭义技术进步率而言，它总体上呈现出稳步增长状态。

3.5 农业技术效率变动率与规模报酬收益变动率的计算

利用 Frontier 软件，我们可以获得全国平均技术效率，在此基础上可计算出研究期内我国的农业技术效率变动率。而利用要素产出弹性和投入增长率的数据，可以计算出研究期内农业规模报酬收益变动率（表 5）。

表 5　农业技术效率、技术效率变动率与规模报酬收益变动率

年份	技术效率	技术效率变动率	规模报酬指数	规模报酬收益率
1985	0.746	—	1.066	0.007 5
1986	0.749	0.004 0	1.066	0.006 1
1987	0.753	0.005 3	1.067	0.007 5
1988	0.757	0.005 3	1.067	0.009 8
1989	0.761	0.005 3	1.068	0.010 6
1990	0.764	0.003 9	1.068	0.007 5
1991	0.768	0.005 2	1.069	0.007 0
1992	0.772	0.005 2	1.069	0.007 3
1993	0.775	0.003 9	1.070	0.010 0
1994	0.776	0.001 3	1.070	0.012 0
1995	0.779	0.003 9	1.071	0.013 6
1996	0.782	0.003 9	1.071	0.008 8
1997	0.786	0.005 1	1.072	0.006 6
1998	0.789	0.003 8	1.073	0.005 3
1999	0.793	0.005 1	1.073	0.005 7

（续表）

年份	技术效率	技术效率变动率	规模报酬指数	规模报酬收益率
2000	0.796	0.003 8	1.074	0.006 7
2001	0.799	0.003 8	1.074	0.006 7
2002	0.802	0.003 8	1.075	0.007 2
2003	0.806	0.005 0	1.075	0.007 5
2004	0.810	0.005 0	1.076	0.010 2
2005	0.813	0.003 7	1.076	0.009 5

注：规模报酬指数即三要素弹性之和，规模报酬收益率根据公式 $(\varepsilon - 1) \sum_i \frac{\varepsilon_i}{\varepsilon} \frac{d\ln X_i}{dt}$ 计算

由表5我们可以看出，研究期内技术效率水平不断提高。规模报酬指数（即三要素弹性之和）稳定地保持在1.06~1.07，始终大于1，说明农业也存在规模收益递增效应，从而获得正的规模报酬收益。然而，具体到每一年获得的规模报酬收益则有多有少，因而规模报酬收益变动率可正可负。

3.6 广义农业技术进步贡献率的计算

根据 Kumbhakar 公式，将狭义技术进步率、技术效率变动率与规模报酬收益变动率相加就可以获得广义技术进步率，将其比上当年总业总产值增长率得到广义农业技术进步贡献率。

表6 中国（广义）农业技术进步率

年份	广义技术进步率	狭义技术进步率	技术效率变动率	规模报酬收益变动率	总产出增长率（%）	广义技术进步贡献率（%）	狭义技术进步贡献率（%）
1985	0.008 94	0.006 36	—	0.002 58	3.4	26.3	18.7
1986	0.011 55	0.006 95	0.004 02	0.000 58	3.4	34.0	20.4
1987	0.014 99	0.007 19	0.005 34	0.002 46	5.8	25.8	12.4
1988	0.018 39	0.007 87	0.005 31	0.005 21	3.9	47.1	20.1
1989	0.021 51	0.009 78	0.005 28	0.006 45	3.1	69.4	31.5
1990	0.017 12	0.010 80	0.003 94	0.002 37	7.6	22.5	14.2
1991	0.018 30	0.011 58	0.005 24	0.001 48	3.7	49.5	31.3
1992	0.017 66	0.011 49	0.005 21	0.000 96	6.4	27.6	17.9
1993	0.019 20	0.011 69	0.003 89	0.003 62	7.8	24.6	15.0
1994	0.019 66	0.012 20	0.001 29	0.006 18	8.6	22.9	14.2
1995	0.026 48	0.014 47	0.003 87	0.008 15	10.9	24.3	13.3
1996	0.022 77	0.016 02	0.003 85	0.002 89	9.4	24.2	17.0

（续表）

年份	广义技术进步率	狭义技术进步率	技术效率变动率	规模报酬收益变动率	总产出增长率（%）	广义技术进步贡献率（%）	狭义技术进步贡献率（%）
1997	0.022 63	0.017 25	0.005 12	0.000 27	6.7	33.8	25.8
1998	0.020 74	0.018 02	0.003 82	−0.001 10	6.0	34.6	30.0
1999	0.022 85	0.018 63	0.005 07	−0.000 85	4.7	48.6	39.6
2000	0.022 92	0.019 41	0.003 78	−0.000 27	3.6	63.7	53.9
2001	0.023 30	0.020 11	0.003 77	−0.000 57	4.2	55.5	47.9
2002	0.024 30	0.020 87	0.003 75	0.000 33	4.9	49.6	42.3
2003	0.025 52	0.021 00	0.004 99	−0.000 47	3.9	65.4	53.9
2004	0.029 71	0.022 09	0.004 96	0.002 65	7.5	39.6	29.5
2005	0.029 47	0.023 56	0.003 70	0.002 21	5.7	51.7	41.3

由表 6 可以看出，除个别年份外，我国（广义）农业技术进步率呈现出持续增长的趋势。在（广义）农业技术进步率的各个组成成分中，狭义技术进步率始终是最主要的成分，占据了大部分的比重。从 1985—2005 年我国广义和狭义农业技术进步贡献率的趋势可以看出，广义技术进步贡献率与狭义技术进步贡献率变动趋势绝大多数情况下是高度一致的。

3.7 本文测算结果、研究方法与以往代表性研究的比较

表 7 是本研究测算的技术进步贡献率及其研究方法与以往农经界代表性研究的比较。

表 7 技术进步贡献率测算结果与研究方法比较

研究者	朱希刚	蒋和平等	樊胜根等	本文
测算结果	2001—2005：56% 1996—2000：45% 1991—1995：34% 1986—1990：27%	2001—2005： 50.1%~50.8%	1985—1993：56.2% 其中： 制度变迁 42.1% 科研投入 12.1%	2005：51.7% 2001—2005： 52.36%（算术平均）
数据类型	时间序列	面板数据	面板数据	（非平衡）面板数据
变量选取	农业总产值 物质投入 劳动力投入 土地面积 （时间变量）	农业总产值 物质投入 劳动力投入 年末耕地面积 时间变量	农业总产值 化肥；机械；灌溉 劳动力投入 播种面积+草原折算 农业科研投入 时间变量—一次项、二次项 时间与投入的交叉项 政策虚变量 区域虚变量	农业总产值 物质投入 劳动力投入 播种面积+水产养殖面积 时间变量—一次项、二次项 时间与投入的交叉项 投入-投入交叉项、投入二次项 成灾面积比例 区域虚变量

（续表）

研究者	朱希刚	蒋和平等	樊胜根等	本文
生产函数及测算原理	C-D 生产函数 Solow 残值法	C-D 生产函数（设定情景） Solow 残值法	Quasi-Translog 函数 Solow 残值法	Translog 函数 Kumbhakar 公式
估算方法	OLS	OLS	OLS	MLE
偏性技术进步	不可表示	不可表示	可表示	可表示
弹性可变	不可	不可	可以	可以
技术进步分解	不可	不可	不可	可以

从表 7 可以看出，就对测算结果的影响程度而言，变量选取差别的因素要大于生产函数形式差异的因素。就模型的理论涵义而言，本研究所采取的方法比基于 C-D 生产函数和 Solow 残值的传统方法要更丰富和深入一些，特别是可以对广义技术进步率进行分解。

4 主要结论

第一，狭义农业技术进步始终是广义农业技术进步中最主要的组成成分。目前，我国的狭义农业技术进步还是以中性技术进步模式为主。

第二，2005 年我国（广义）农业技术进步率为 2.9%，狭义农业技术进步率为 2.4%；（广义）农业技术进步贡献率为 51.7%，狭义农业技术进步贡献率为 41.3%；整个研究期内，我国农业技术进步贡献率大约提高了 25 个百分点。这些数据都可以说明技术进步已经成为我国农业持续增长的主要源泉。

第三，研究期内我国资本要素弹性呈现出递减的趋势，劳动要素弹性则呈递增的趋势，土地要素弹性稳中有升。同时，在资本与劳动要素之间存在较显著的替代关系，而土地要素则与其他两种生产要素具有互补关系。

此外，研究期内我国农业技术效率呈递增的趋势，并可以较稳定地获得规模报酬收益。

参考文献

陈凯，2000. 农业技术进步的测度——兼评《我国农业科技进步贡献率测算方法》[J]. 农业现代化研究（2）：61-65.

顾焕章，1994. 农业技术进步对农业经济增长贡献的定量研究 [J]. 农业技术经济（5）：11-15.

胡瑞法，袁飞，1994. 浙江省六地区农业生产模式与效率研究 [A]. 农业增长与技术进步：中国农业技术经济研究会论文集 [C]. 北京：中国农业科学技术出版社.

蒋和平，2001. 1995—1999 年全国农业科技进步贡献率的测定与分析 [J]. 农业技术经济（5）：12-17

孟令杰，2000. 中国农业的增长与效率 [M]. 上海：上海财经大学出版社.

杨军，2003. 中国畜牧业增长与技术进步、技术效率研究 [D]. 北京：中国农业科学院.

赵芝俊，张社梅，2006. 近 20 年中国农业技术进步贡献率变动趋势 [J]. 中国农村经济（3）：4-12.

朱希刚，1997. 农业技术经济分析方法及应用 [M]. 北京：中国农业出版社.

BATTESE G E, COELLI T J, 1992. Frontier Production Functions, Technical Efficiency and Panel Data: With Application to Paddy Farmers in India [J]. Journal of Productivity Analysis（3）：153-169.

CHRISTENSEN L, JORGENSEN D, LAU L, 1973. Transcendental Logarithmic Production Frontiers [J]. The Review of Economics and Statistics（4）：28-45.

FAN S, 1995. Effects of Technological Change and Institutional Reform on Production Growth in Chinese Agriculture [J]. American Journal of Agricultural Economics（2）：266-275.

KUMBHAKAR S C, LOVELL C A, 2000. Stochastic Frontier Analysis [M]. London: Cambridge University Press.

后记

　　本文是与 2005 级硕士研究生袁开智一起在其硕士论文核心章节的基础上浓缩而成的一篇学术论文，发表在《农业经济问题》2009 年第 3 期。该篇论文的价值在于：在总结前人相关理论研究成果的基础上，构建了包括狭义技术进步、技术效率、规模效益、资源配置效率在内的理论分析框架，并基于超越对数随机前沿模型，采用分省面板数据对近 20 年来我国农业技术进步与总产出增长进行了定量研究，测算出了各年度的要素弹性和农业技术进步贡献率，并将农业技术进步率作了定量分解。该研究对于分析把握影响农业技术进步的动因及找到促进农业技术进步的政策抓手具有重要意义。

农业技术进步源泉及其定量分析

赵芝俊，张社梅

摘　要：农业技术进步是农业经济增长的源泉。本研究从分析农业技术进步的表现形式入手，通过引入层次分析法，对各种类型的技术进步的作用大小进行了具体计算和分析，最后给出了一些政策性的建议。

关键词：农业技术进步；源泉；定量分析

农业技术进步是推动农业经济增长的重要源泉。搞清楚影响农业技术进步的各种因素的变化及其各自对农业经济增长的贡献大小，对探究农业技术进步的特点，制定有效的农业技术进步政策，推动农业经济增长有着重要的意义。

然而，要定量估计农业经济增长的源泉不仅涉及对农业技术进步从形式到内容的确定，也需要选择合适的分析与测定方法，还要考虑测算过程中所需数据的可得性。本文正是为实现这方面的目的所做的一些探讨。

1　农业技术进步及其源泉

1.1　农业技术进步

农业技术进步是一个经过技术发明、技术创新、技术扩散等环节，把新知识、新技术转化为生产力，从而实现增加社会物质财富、提高经济效益、改善生态环境，不断提高整个农业生产力水平的前进过程。农业技术进步反映了整个农业生产过程中科学技术的突破及其应用程度，具体表现为在资源约束条件下，把农业生产的潜力发挥出来，提高了投入产出比，或者改变各种投入要素的组合比例从而降低单位产品的成本。在资源有限的情况下，通过技术进步不断将先进的生产要素和劳动工具融入农业生产，改造劳动对象，从而提高农业生产力水平，促进农业经济增长。

农业技术进步的内容既包括农业生产技术进步（或者叫自然科学技术进步），也包括农业经营管理技术和服务技术（或者叫社会科学技术）进步。通常我们把只包括前者的技术进步称为狭义的农业技术进步，二者都包括在内的技术进步称为广义的农业技术进步。广义的农业技术进步既表现为农业技术（如机械技术、化学技术、生物技术等技术水平）研究与创新水平的提高和它在农业生产中的应用，又表现为管理技术、决策水平、经营技术、智力水平等的提高（如农业经济体制改革、资源的合理配置、人们进行农业生产的积极性的激发）及其用于生产过程。本文研究中提到的技术进步指广义的技术进步。

1.2 农业技术进步的源泉

农业技术进步的源泉是指促进农业技术进步的各种因素，重点是要辨析是哪些要素推动了技术进步的形成和产生作用。按照以上对农业技术进步内容的介绍，我们把农业技术进步的源泉可以划分为 3 个方面：①农业生产技术；②农业政策与经营管理技术；③农业服务技术。

农业生产技术的内容十分广泛，归纳起来主要表现为 5 个方面：优良品种、栽培技术、饲育技术、植保技术、低产土壤的改良。优良品种包括动植物优良品种的培育、改良、引进，也包括种子加工、包衣、冷藏等技术的发明和改进。栽培技术，主要有施肥技术、水稻育秧与栽培技术、灌溉技术、农业机械技术、地膜使用技术和以间套复种为核心的耕作制度改革等；饲育技术，主要包括如配方饲料技术、配套饲养技术、畜禽舍饲技术等；动植物保护技术，如农作物重大病虫草害的防治和预测预报技术、畜禽鱼虾主要疫病流行预报与综合防治技术，新农药的研制及病虫抗药性监测治理水平等；中低产田的土壤改良，包括盐碱土改良利用技术、红黄壤利用改良技术、风沙土改良等技术。其中优良品种对于动、植物产量和质量起着关键的决定作用，对农业增长的作用极其重要，比如杂交水稻的育成、高产矮秆小麦及杂交玉米的培育等。栽培技术、饲育技术即所谓的良法，它一般是与动植物良种配套使用的技术，良种技术效率能否充分发挥与其推广采用关系密切。中低产田改良技术是建立高产、高效农业的基础和保障，它对于提高农业综合生产能力有重要作用，但随着土壤不断稳定化其作用就逐步降低。动植物保护技术主要是为把由于病虫害的侵袭而导致的减产降低到最小限度而采取的技术措施。

农业政策与经营管理技术对农业产出的增长作用是经过国内外农业发展实践证明的。政策和制度创新在农业增长中具有非常重要的作用。政策和制度本身并不增加资源总量，但却可以改变技术进步的方向、要素配置的效率和收入分配的方式，进而影响经济增长和社会公平。这方面的内容主要包括：新的农业政策颁布实施、经济体制变革、农业产业结构调整、新的经营管理方法等。其中，新的农业方针政策主要是指具体的有利于调动农业生产者的积极性、有利于农业增产增收的各项起着直接作用或者间接作用政策的措施，比如中央一号文件中对农民种粮的补贴政策、农业税费的减免政策等。新的经济体制是指国家的宏观决策，是一种新的制度安排，是从整个国家的决策意志来反映是否有利于资源的合理配置，是否能促进农业生产的增长和稳定发展。如1978年的家庭联产承包制的实行，以及由计划经济向市场经济的转轨等。农业产业结构调整是指在原有产业布局和安排的基础上重新安排作物种植品种和比例，以取得较高经济效益。比如可以通过优质、高产作物品种代替传统作物品种，或扩大经济作物面积，或者依靠多元化经营取得较高收益。新的管理方法，是与农业生产者以及基层管理者密切相关的管理措施和方法，比如农业产业化经营，通过将产前、产后、产中各个利益主体连接起来，产生出比单个农户经营更高的效率和效益，促进农业经济增长。

农业服务技术主要是指为农业生产者提供的教育培训服务以及生产资料供给等方面的服务。为农业生产者提供的教育培训服务旨在促进生产者素质的提高。为生产资料提供服务的技术主要是指农业物资的购销、分配过程中技术的发明与应用，如现代物流与配送技术。

对农业技术进步源泉进行划分和界定的具体内容见图1。

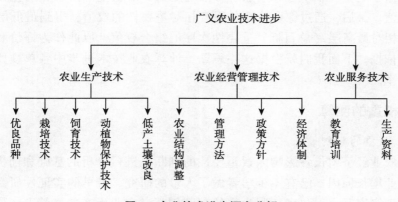

图1 农业技术进步源泉分解

2 农业技术进步源泉的测定

2.1 测定方法的选择

从上述分析和所选定的促进农业技术进步的 11 个主要因素来看，只有少数因素可以通过统计资料和不同渠道的数据收集或者实地调查，对其作用进行定量计算，比如良种的推广面积和增产效果可以推算作物良种带来的技术进步贡献率，但是大多数因素是没有统计资料或者统计数据可查的，这些因素本身是难以量化的，像农业政策与经营管理技术、农业服务技术，我们只是从理论上推测这些因素确实可以带来农业技术进步。如何在定性分析农业技术进步中各要素的重要程度基础上，进一步定量研究它们的作用到底有多大？我们选择了近年来在国内外被广泛应用的层次分析方法来研究这个问题。

层次分析法（Analysis Hierarchy Process，简称 AHP）是美国匹兹堡大学教授 Saatty 于 20 世纪 70 年代提出的一种系统分析方法。它是一种定性分析与定量分析相结合的系统分析方法，适用于结构较复杂、决策准则多且不易量化的决策问题，方法思路简单清晰，能紧密地将决策者的经验判断和推理过程进行量化描述。方法的基本思路是：首先，把要解决的问题分层系列化，即根据问题的性质和要达到的目标，将问题分解为不同的组成因素，按照因素之间的相互影响和隶属关系将其分层聚类组合，形成一个递阶的、有序的层次模型。然后，对模型中每一层次因素的相对重要性，依据人们对客观现实判断给予定量表示，再利用数学方法确定每一层次全部因素相对重要性次序的权值。最后，通过综合计算各因素相对重要性的权值，得到最低层（方案层）相对最高层（总目标）重要性次序的组合权值，以此作为评价和选择方案的依据。下面我们就根据这一思路，计算农业技术进步中各单项要素的贡献比率。

2.2 权重的测算

2.2.1 权重的判断

对农业经济增长各影响因素重要性的判断是进行分析的基础和前提。对过去农业增长原因，已有不少学者做了大量的研究。最早的实证性研究集中在测定以家庭联产承包责任制为主的制度创新对农业生产的贡献上。这些研究认为：改革的头几年，生产率的提高大部分源于制度创新。黄季焜和罗泽尔通过建立一个多产品的动态调整系统模型，分析了从改革初期以来各种因素对中国农作物生产增长的贡献。研究结果表明，在过去 20 年，制度创新和技术进步（狭义技术进步，作者注）是我国农业增长的最重要的决定因素；其中，技术进步对农业的影响在改革初期是仅略次于制度创新因素，但从 20 世纪 80 年代中期以来，技术进步已经成为农业经济增长的主要动力。因为，自从我国农业发展进入新阶段以来，原有的我们熟悉和惯用的政策及其他促进农业发展的因素都由于种种原因或不能发挥作用或作用效果有限。具体如联产承包责任制为主的农业制度创新所释放出的激励对产出的增长影响现在已经十分微弱，很难想象未来还有新的农业制度创新能够发挥像土地联产承包制对农业生产所起的那么大的作用；在现有的农业生产技术和农产品价格水平下，进一步增加农业生产资料投入不但增产不显著，而且将会促进成本的上升，从而导致我国农产品国际市场竞争力的下降。而且通过农产品价格政策来促进农业生产的空间将大大缩小。换句话说，过去促进农业生产增长的诸多动力和政策的操作空间和效应将逐渐消失或减弱，未来农业生产增长几乎都将主要来自新的技术创新。

再从农业服务技术发展及其作用来看，由于起步较晚、重视不够，加上受体制和自身发展规律的影响，可以预见，农业服务技术在目前及今后的若干年内起作用都将是有限的。因此，在上述分析的基础上，做出关于技术、政策、服务重要性依次递减的判断是可行而且是合乎逻辑的。

关于各单项技术的重要性，本研究参考万宝瑞等 2001 年所完成《重大科技成果创新对农业发展的推动作用》中关于各因素的重要性排序研究结论，并以此为基础赋予各影响因素适当权重（表 1 至表 4）。

2.2.2 建立递阶层次结构模型

根据前述的农业技术进步的概念和给出的单项技术的分解图（图 1），我们确定农业技术为最高层 A，农业生产技术、农业政策与经营管理技术和农业服务技术为第二层 B_i（$i = 1$，2，3）；各单项因素为第三层 C_i（$i = 1$，2，3……11），并根据萨迪提出的 1~9 表度法和两两比较法，对下一层要素对上一层要素的重要性做出如表 1 的判断矩阵。

表 1　判断矩阵 A—B

A—B	B_1	B_2	B_3
B_1	1	3	7
B_2	1/3	1	5
B_3	1/7	1/5	1

表 2　判断矩阵 B_1—C

B_1—C	C_1	C_2	C_3	C_4	C_5
C_1	1	3	3	5	7
C_2	1/3	1	1	3	5
C_3	1/3	1	1	3	5
C_4	1/5	1/3	1/3	1	5
C_5	1/7	1/5	1/5	1/5	1

表 3　判断矩阵

B_2—C	C_6	C_7	C_8	C_9
C_6	1	3	2	5
C_7	1/3	1	1/3	5
C_8	1/2	3	1	3
C_9	1/5	1/7	1/3	1

表 4　判断矩阵

B_3—C	C_{10}	C_{11}
C_{10}	1	2
C_{11}	1/2	1

2.2.3　对判断矩阵的计算及一致性检验结果

我们利用求和法对层次进行单排序，先对矩阵各列求和，再对矩阵的每一列归一化，得到正规化判断矩阵，再求矩阵的向量 W，即可以得到 B_i 层对 A 层、C_i—B 层的重要性排序向量 W_i，计算结果如下：

$W_{A-B} = $ （0.643389　0.282839　0.073772）$\lambda_{max} = 3.066$ $CR = 0.06299$

$W_{B_1-C} = $ （0.45923　0.198123　0.198123　0.103873　0.04065）$\lambda_{max} = 5.254$ $CR = 0.05665$

$W_{B_2-C} = $ （0.4536　0.187997　0.288229　0.070175）$\lambda_{max} = 4.247$ $CR = 0.09250$

$W^*_{B_3-C} = $ （0.66667　0.33333）

这里的 CR 为随即一致性比率，都满足 $CR < 0.1$，可见 4 个判断矩阵具有满意的一致性，也即我们得到的数值结果是可靠的。

根据以上得出的结果，我们可以求得层次总排序权值，详见表 5。优良品种对农业技术进步的贡献最大，达到 29.55%，农业产业结构调整、栽培技

---

* 已经证明任何二阶判断矩阵都是一致的

术、饲育技术对农业技术进步的贡献次之,但三者的贡献份额十分接近,都在 12.7%~13.0%,其中栽培技术和饲育技术所占比例一样,说明两者的作用一样。贡献比例最小的是新的经济体制,贡献份额只有 1.98%,还有低产土壤改良、为生产资料提供服务的农业技术贡献也较低。

表 5   农业技术贡献份额总排序

B 层		C 层		单项技术比重（%）		单项技术排序	占比（%）
B_1	0.643 4	C_1	0.459 2	29.55	C_1	优良品种	29.55
		C_2	0.198 1	12.75	C_6	农业产业结构调整	12.83
		C_3	0.198 1	12.75	C_2	栽培技术	12.75
		C_4	0.103 9	6.68	C_3	饲育技术	12.75
		C_5	0.040 7	2.62	C_8	新的农业政策	8.15
B_2	0.282 8	C_6	0.453 6	12.83	C_4	植保技术	6.68
		C_7	0.188 0	5.32	C_7	新的管理方法	5.32
		C_8	0.288 2	8.15	C_{10}	文化教育服务	4.92
		C_9	0.070 2	1.98	C_5	低产土壤的改良	2.62
B_3	0.073 8	C_{10}	0.666 7	4.92	C_{11}	生产资料服务	2.46
		C_{11}	0.333 3	2.46	C_9	新的经济体制	1.98

2.3   各项技术对农业产出的贡献份额

根据笔者对我国农业技术进步贡献率的测定结果:1997—2003 年,其年平均值为 39.8%。在这 39.8% 的贡献率中,各单项技术所占比重如表 6 所示。

表 6   1997—2003 年单项技术进步对产值的平均贡献率

单项技术		技术进步贡献率（%）		
C_1	优良品种	11.76		
C_2	栽培技术	5.07		
C_3	饲育技术	5.07		
C_4	植保技术	2.66		
C_5	低产土壤的改良	1.04	B_1 农业生产技术	25.61
C_6	农业产业结构调整	5.11		
C_7	新的管理方法	2.12		
C_8	新的农业方针政策	3.24		
C_9	新的经济体制	0.79	B_2 农业政策与管理技术	11.26
C_{10}	文化教育服务	1.96		
C_{11}	生产资料服务	0.98	B_3 农业服务	2.94
总贡献率		39.80		

从表 6 可以看出：从 1997—2003 年，我国农业技术进步对产值的贡献率中，从大的技术类别看，农业生产技术作用最大，达到 25.61%，农业政策与管理为其次，达到 11.26%，农业服务类技术的贡献相对较小，仅为 2.94%。具体到各单项技术的贡献来看，优良品种、农业产业结构调整、栽培技术、饲育技术、新的农业方针政策、动植物保护技术，它们分别占总贡献率的 11.76%、5.11%、5.07%、5.07%、3.24%、2.66%，其余的如新的经营管理方法、教育培训服务、低产土壤的改良、生产资料服务、新的经济体制几项技术总共占到总贡献率 39.8% 的 6.89%。

3　结论及政策建议

本研究对我国的农业技术进步源泉进行了分类，并采用层次分析法对各单项技术的贡献份额进行了度量，初步确定了我国农业技术进步源泉的分摊系数。主要的政策建议有：

3.1　进一步加大优良品种的研究和推广仍然是未来一个时期加速农业经济增长的重要举措

从研究结果来看，优良品种的贡献份额占到 11.76%，是贡献份额排在第二位的农业产业结构调整技术措施的 2 倍还多，在 11 个贡献要素中，它占到总贡献份额的 29.54%（11.76/39.8）。因此，要进一步重视动植物良种的研究、开发、推广工作。种植业方面要把选育高产、优质、多抗新品种作为农业科技创新的首要任务，加速实现种子生产专业化、加工机械化、质量标准化、布局区域化和营销产业化。畜禽方面在传统研究方法的基础上，加大转基因技术、克隆技术在畜禽品种改良种方面的应用。通过优良品种的研发和推广，实现新阶段我国农业发展的第二次"绿色革命"。

3.2　要同时重视硬技术和软技术的投入和研究

软技术和硬技术是相辅相成的，没有软技术的配合，硬技术就不能很好地发挥作用；而只有软技术，没有硬技术也是不行的。从测算结果来看，硬技术所占比例较大，软技术中只有农业产业结构调整和新的农业方针政策贡献大一些（约占 21%），其余的贡献份额都较小。因此，在继续保持硬技术研发和投入的情况下，要重点提高软技术的研发和投入，尤其是那些对整个技术进步水平有瓶颈制约因素的软技术的研究和应用，如教育培训服务中的农业劳动力素质的提高。

3.3 各个单项技术进步整体水平的提高最终要靠农业推广工作

世界发达国家农业科技成果的推广应用率为 70%~80%，而我们国家农业技术推广普及率仍然处在较低的水平是一个不争的事实。据有关部门的测算，近十年来，全国农业科技人员平均每年为社会奉献约 7 000 项科技成果，仅获得省部级和国家级奖励的科技成果就达 2 万多项，但问题是科技成果的推广速度太慢，推广应用率不高，推广范围和覆盖面积不大，科学技术的作用未能充分体现出来。我们认为，其中一个重要原因是涉及农业技术推广方面的体制、机制问题长期未能较好地解决，纵使有了较为先进适用的技术也往往由于上述原因而不能很好地加以推广应用。所以应尽快建立一条系统的从技术需求—技术研发—技术推广和应用—最终产生效益的有效路径，使各项技术能尽快在现实中产生效益，而不是束之高阁、半途而废。因此，除了加强重要及关键农业技术研究和攻关外，加强农技推广体制与机制的研究，构建新型的农技推广新机制是一项十分重要的工作。

参考文献

樊胜军，2003. 层次分析法在建设工程评标中的应用 [D]. 西安：西安建筑科技大学.

樊为刚，侯丽红，2005. 层次分析法的改进 [J]. 科技情报开发与经济（4）：153-154.

何满喜，何财富，1995. 层次分析法在农业技术进步度量分析中的应用 [J]. 内蒙古师范大学学报（2）：6-11.

胡继连，1995. 试论农业技术分类研究 [J]. 农业科技管理（6）：38-40.

黄季焜，2003. 中国农业发展与展望 [J]. 管理评论（1）：17-20.

林毅夫，1992. 制度、技术与中国农业发展 [M]. 上海：上海三联书店.

吴豁然，1994. 试论农业技术进步的问题与对策 [J]. 农业技术经济（3）：38-41.

朱希刚，1994. 农业技术进步及其"七五"期间内贡献份额的测算分析 [J]. 农业技术经济（2）：2-10.

朱希刚，1997. 农业技术经济分析方法及应用 [M]. 北京：中国农业出版社.

Factors of Agricultural Technical Improvement and Its Quantitative Analysis

Zhao Zhijun，Zhang Shemei

Abstract：The paper studies the factors of agricultural technical improvement, and mainly uses the method of Analysis Hierarchy Process（AHP）to quantitatively analyze the effect of different factors in agricultural production. Finally, there are some possible policy suggestions.

Key words: Agricultural technical improvement; Factors; Quantitative analysis

后记

本文是与 2004 级博士研究生张社梅在世界银行第四期技术合作贷款项目"国家农业政策分析平台与决策支持系统（A29）"的资助下完成的一篇学术论文，发表在《农业经济问题》2005 年第 12 期。文章的核心价值在于把影响农业发展的技术划分为农业生产技术、农业政策与经营管理技术和农业服务技术三类，同时运用层次分析法对各类技术在促进经济增长中的作用的大小进行了测算与分析，得出了许多有价值的研究结论。

1998—2005 年我国棉花技术进步贡献的测算及分析[*]

张社梅，赵芝俊[**]

摘　要：主要利用平均生产函数对我国 13 个棉花主产省区 1998—2005 年棉花的技术进步贡献率进行了测算。结果表明，这一期间棉花的技术进步贡献率达 63.37%。最后提出了促进棉花生产的几点政策建议。

关键词：棉花；技术进步贡献；平均生产函数；政策建议

1　研究背景

1998 年年底，国务院发布了《关于深化棉花流通体制改革的决定》，同年，国产转基因抗虫棉也被批准进入商业化生产，标志着我国棉花产业从此进入一个新的发展阶段。事实也证明：以技术、政策体制等为主要内容的广义技术进步在我国棉花产业发展中所发挥的关键性作用。

如何科学评价这一阶段我国棉花产业技术进步的作用和特点，从而为未来我国棉花产业的进一步健康稳定发展提供可资借鉴的经验是一个十分重要的问题。然而，关于这方面的研究不是很多。从可查到的文献看，主要有谭砚文等人应用速度增长方程测算了改革开放到 2002 年我国棉花的技术进步贡献率（谭砚文等，2002）。胡少华和邱斌（2004）以江苏省棉花生产为例，采用 C-D 扩展式分别对棉花产出增长中的政策、制度、技术与区域因素进行了分析。孙林和孟令杰（2004）采用 DEA 非参数方法测算了 1990—2001 年我国棉花生产的技术效率变动情况。以及毛树春、柯炳生等人从我国加入 WTO 后棉花生产的比较优势和劣势出发，对棉花产业的发展进行了研究（毛树春，2002；柯炳生，2001）。由于在方法选择和体制差异上的原因，使得其研究结论的科学性和准确性存在较多争议。因此，本研

---

[*]　基金项目：农业部"948"（2005-Z46）资助。

[**]　作者简介：张社梅（1978—），女，博士研究生；主要从事技术进步评价研究。通讯作者：赵芝俊，研究员。zhaozhijun@caas.cn

究试图在对我国棉花技术进步的作用、特点进行全面分析评价的基础上，着重从以下几方面进行创新性探索：一是在技术进步作用的测算方法上，拟采用平均生产函数法，并假定计算期间内投入要素的弹性是不变和可变两种情况，模型设定考虑投入品在不同地区间的差异。二是在变量选择与数据收集上，选择单位面积上的投入和产出作为变量。这既可以克服目前我国统计资料中没有棉花产业劳动力投入、物质费用投入等总量数据的缺憾，也克服了变量中部分取总量数据、部分取单位面积投入或者产出数据的不合理做法。三是在研究的时段上，选择 1998—2005 年共 8 年时间，主要是考虑这一阶段在体制和技术上与以往阶段存在不同等。

2 技术进步与我国棉花生产发展

2.1 技术进步促进了棉花单产的不断提高

图 1 是 1978 年以来全国棉花播种面积、单产和总产的变化趋势。由图 1 可知，1984 年以后的一个阶段，我国的棉花播种面积和总产量在年际间呈现上下震荡的不稳定态势，只是在 1999 年之后两者才开始出现稳定回升的趋势。其中，棉花单产上升趋势明显，这主要得益于棉花新技术、新品种的不断推广应用。这也在很大程度上遏制了由于播种面积减少而可能导致的总产量下降的不利局面。

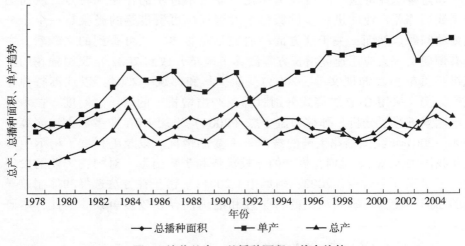

图 1　棉花总产、总播种面积、单产趋势

资料来源：《中国统计年鉴》，2006 年

2.2 技术进步导致了棉花单位面积上的投入产出的变化

表 1 是全国平均水平和三大主要棉区 1998 年、2005 年每公顷棉花生产的投入和产出情况。从单产水平来看，2005 年全国及三大棉区的单产水平较 1998 年都有了提高，平均增长了为 9.6%，长江流域增长最多，为 23%，但是新疆棉区的单产绝对数一直要高于其他棉区。从每公顷的用工数量来看，2005 年全国及各大棉区要远低于 1998 年，全国每公顷用工数量 2005 年比 1998 年减少了近 28%，其他棉区用工数量的减少变动都在 20% 以上。可以看出每公顷用工数量的减少要远大于产量水平的提高，即棉花成本的节约幅度要大于产量水平的提高幅度。

表 1　1998 年和 2005 年棉花单位面积的投入产出比较

项目	1998（年）		2005（年）	
	产量（kg/hm²）	用工数量（工日/hm²）	产量（kg/hm²）	用工数量（工日/hm²）
全国平均	1 023.8	515.9	1 122.0	372.9
黄河流域	1 007.1	504.0	1 025.3	398.7
长江流域	906.8	578.4	1 115.3	437.3
新疆棉区	1 383.9	347.7	1 558.5	275.6

资料来源：《全国农产品成本收益资料汇编》1999 年、2006 年

2.3 棉花购销体制改革促进了资源优化配置和新技术的广泛采用

国务院《关于深化棉花流通体制改革的决定》（简称《决定》）提出要逐步建立起在国家宏观调控下，主要依靠市场机制实现棉花资源合理配置的新体制，进一步明确国家对棉花的收购和销售价格不再作统一规定，主要由市场供求形成，即运用价格等经济杠杆调整农业种植结构，压缩棉田面积（谭砚文和李朝晖，2005）。国家发布《决定》这一举措表明中国的棉花市场从计划经济时代向市场经济的实质性转变。1999 年和 2001 年的进一步改革，彻底放开了棉花收购价格，政府职能转变为市场管理和宏观调控。改革在各地的贯彻实施使得棉花市场地区间的贸易壁垒开始被打破，为棉花种子和品种供应的多样化、棉花新品种新技术的快速推广起到了决定性的作用。

2.4 转基因棉花的广泛种植从节本、增效和抗生物灾害几个方面扭转了传统棉花的生产困境

1995 年，深受虫害的河北省最先引进美国 Monsanto 公司的 33B 系列保铃棉。1998 年，国产转基因棉花经农业部批准进入中试和商品化生产阶段。转基因棉花新品种以其良好的杀虫效果在提高单产的同时，极大地节省了人工和农药，赢得了广大棉农的喜爱，种植面积迅速扩大。2005 年，转基因棉花的种植规模已经达到 310.4 万 hm^2（表 2），占我国棉花总播种面积的 60% 以上。转基因棉花的广泛应用代表着现代生物技术在促进棉花生产发展中的重要作用。

表 2   1997—2005 年我国转基因棉花种植面积

年份	棉花总面积 （万 hm^2）	转基因棉花面积 （万 hm^2）	转基因棉花 （%）
1997	449.1	3.4	1
1998	445.9	26.1	6
1999	372.6	65.4	18
2000	404.1	121.6	30
2001	481.0	215.8	45
2002	418.4	215.6	51.53
2003	511.1	299.6	58.62
2004	565.0	368.8	65.27
2005	506.2	310.4	61.32

资料来源：Huang Jikun, Hu Ruifa, et al. Development, Policy and Impacts of Genetically Modified Crops in China, June 2005（2005 年为笔者补充, Data in 2005 from author collection）

2.5 棉花生产区域布局的调整优化提高了高产棉区的比例

以减少单产水平相对较低的棉花种植区域的面积，增加单产水平较高区域的种植面积为内容的区域种植结构调整，明显提高了棉花单产的总体水平。表 3 是 1998—2005 年黄河流域棉区和西北内陆棉区播种面积及总产水平的变动。从表中可以明显看出，全国棉花的种植区域在不断向这两个棉区集中，其播种面积和产量已占全国的 70% 以上。西北内陆的单产水平一直高于其他棉区及全国平均水平，是引领全国棉花单产不断跃上新台阶的主要因素。这种区域布局上的变化使棉花生产资源不断得到合理利用，区域比较优势得到

进一步的发挥，这也是棉花技术进步的重要形式。

表3   1998—2005 年黄河和西北内陆棉区单产、播种面积、总产变动比较   （%）

年份	黄河区			西北区			两区之和	
	单产	播面比例	产量比例	单产	播面比例	产量比例	播面比例	产量比例
1998	91. 18	39. 45	35. 94	140. 24	23. 15	32. 44	62. 59	59. 09
1999	91. 34	40. 20	36. 72	132. 39	27. 56	36. 49	67. 76	64. 28
2000	91. 11	46. 44	41. 82	133. 89	25. 91	34. 26	72. 35	67. 73
2001	93. 04	50. 09	46. 59	118. 52	24. 67	29. 25	74. 76	71. 27
2002	88. 36	51. 62	45. 69	133. 47	23. 52	31. 46	75. 14	69. 21
2003	78. 86	54. 76	43. 18	160. 15	21. 67	34. 70	76. 43	64. 86
2005	89. 27	46. 80	40. 00	138. 04	24. 30	36. 10	71. 10	76. 10

数据来源：根据国家统计局（基础数据）、中棉所棉业经济课题结果整理。

3   技术进步促进棉花生产发展的定量分析

3.1   理论方法

农业技术进步反映了整个农业生产过程中科学技术的突破及其应用程度。本文所指的技术进步，既包括农业生产技术进步，也包括农业经营管理技术和服务技术（朱希刚，1997），是一种广义技术进步的概念。具体到棉花生产来讲，既包括棉花育种、栽培、配方施肥和棉田改良等生产技术，也包括棉花生产结构调整和棉花政策体制改革等方面的变化。

技术进步在农业生产中的作用一般用技术进步贡献率指标来衡量。而农业技术进步贡献率一般是用技术进步带来的生产增长占全部生产增长 份额中的比例来表示。其中，由技术进步带来的生产增长率通常称为技术进步率。应用平均生产函数和超越对数生产函数法测算棉花技术进步的一 般步骤是：先设定模型的形式，同时利用收集好的数据进行回归，得到技术进步率，再用技术进步率与棉花单产增长率的百分比最终求得棉花的技术 进步贡献率。

假定投入要素的弹性是不变的，采用的平均生产函数形式就设定为（1）式：

$$\ln Y_{jt} = \alpha_0 + \overset{*}{\delta} t + \sum_{i=1}^{6} \beta_i \ln X_{ijt} + c_t w_{jt} + d_j D_{jt} + e_{jt} \qquad (1)$$

假定投入要素的弹性是可变的，并考虑到样本年限较短，就设定投入要素的变动就只与时间的一次项有关，采用的超越对数函数具体形式为

（2）式：

$$\ln Y_{jt} = \alpha_0 + \overset{*}{\delta} t + \sum_{i=1}^{6} (\beta_{1i} + \beta_{2i} t) \ln X_{ijt} + c_t w_{jt} + d_j D_{jt} + e_{jt} \qquad (2)$$

（1）和（2）中的 Y 表示棉花单产，取 kg/亩（1 亩 ≈ 667 平方米，全书同）；X 是各投入要素，包括用工量/亩、化肥施用量/亩、其他物质费用，单位依次是工日/亩、kg/亩、元/亩，j 是选取的各个省，t 是时间趋势项，D 表示省级虚变量。t 与投入要素的交叉项表示投入要素随时间的技术变化。β 和 d 分别为投入品和省级变量的回归系数，δ 就是时间趋势项的系数，e 是随机扰动向。w 是气候变量，c 是其回归系数，采用全国作物的成灾率近似表示。

3.2 样本与数据

3.2.1 样本的选取

考虑到投入产出数据的可获得性和年度间的连续性，采用 Panel Data，选择河北、河南、山东、山西、江苏、江西、安徽、湖北、湖南、辽宁、陕西、甘肃、新疆共 13 个省区 1998—2005 年 104 组数据。

3.2.2 数据的收集及整理

本文选定的投入产出数据主要来自 1999—2006 年《全国农产品成本收益资料汇编》，以及国家发改委出版的《中国物价年鉴》。产出数据、化肥施用量可以直接获得，除化肥以外的其他物质投入计量办法是把当年计算的其他物质费用，按照《中国物价年鉴》中农业生产资料价格指数统一折算为以 1998 年为基期的数据。气候数据主要来自《中国农业年鉴》（1999—2006 年），用成灾面积与播种面积的比值近似代替气候因素对棉花生产的影响。

3.3 计量结果及分析

应用 Eviews 对我国 1998—2005 年 13 个省区 6 棉花 104 组样本数据进行回归，两种函数的回归结果见表 4。

对设定的两种方程的回归结果进行比较，发现超越对数函数的结果不能通过显著性检验：时间变量的估计值为负值，化肥、劳动力、其他物质投入分别与时间的一次交叉项的 t 检验值都不显著。而平均生产函数的回归结果在 5% 的显著水平上全部通过检验，从而选择平均生产函数回归结果来测算棉花的技术进步。

从表 4 的估计结果来看，1998—2005 年我国 13 个省区的棉花生产平均技术进步率为 0.009 2。投入要素的回归结果中，劳动力产出弹性为 −0.094 2，说明我国棉花生产中劳动力已经过剩，增加劳动力，已经不能提高单产。化肥和其他物质投入的回归结果分别为 0.29、0.22，说明化肥对棉花的增产效果仍然要大于诸如机械、农药、灌溉等投入。气候变量的估计值为 -0.374 8，说明了自然灾害对棉花生产负面影响较大。

依据以上参数的估计值，最终测算棉花技术进步贡献率还需要计算产出和投入要素的年均增长率。用几何平均法只考虑了基期和末期影响，不能全面反映整个期间生产变动，因此选用最小二乘法来计算棉花单产和投入要素的年均增长率。测得棉花单产 1998—2005 年 8 年间的年均增长率在 1.45%，劳动力投入、化肥投入、其他物质投入都呈现负增长，年均分别减少 4.21%、0.7%、0.5%。即 13 个主要产棉省区每亩棉花生产中平均使用的人工、化肥、其他物质投入均呈下降趋势。据我们推测：这一方面与 1998 年以来我国转基因抗虫棉种植面积的快速扩大，节约了生产成本有密切的联系。另一方面与近年来我国棉花的大量进口有关。据有关统计资料显示：2005 年，棉花进口量已占到棉花生产量的 45%，这对国内棉花生产冲击较大。比较各要素对单产的增长作用，技术进步是最关键的因素，贡献率达到 63.37%，其次是用工量，贡献率为 27%，近年来自然灾害的发生减少对棉花单产的贡献在 5.539%。这些年化肥和其他物质投入对增产的贡献成为递减状态。

表 4　函数回归结果

平均生产函数		超越对数生产函数	
变量	参数估计值	变量	参数估计值
常数项	2.592 0 (7.629 0)	常数项	3.545 4 (3.825 9)
用工量	-0.094 2 (-1.589 9)	劳动力	-0.266 7 (-1.911 2)
化肥	0.290 1 (4.859 8)	化肥	0.332 5 (-2.208 1)
其他物质投入	0.220 5 (4.304 4)	其他物质投入	0.120 6 (-0.792 9)
气候	-0.374 8 (-1.958 2)	气候	-0.451 4 (-2.230 8)
年份	0.009 2 (1.533 7)	劳动力 * t	0.043 8 (-1.438 5)
		化肥 * t	-0.010 0 (-0.334 5)
		其他物质投入 * t	0.018 1 (-0.682 8)
		时间趋势项 t	-0.195 9 (-1.150 4)
R	0.515 3	R	0.528 2
D-W 值	1.484 3	D-W 值	1.534 0

注：括号内为 t 检验值

4　结论与政策含义

综合上述研究，可以得出如下结论，并据此提出相关政策建议：

（1）我国的棉花生产发展是多种因素作用的结果，其中棉花流通体制改革的不断推进、转基因抗虫棉的广泛采用和棉花种植区域的优化调整等技术进步因素是促进我国棉花生产扭转不利局面并保持稳定发展的关键。

（2）计算结果表明，技术进步已经成为我国棉花增产的主要因素，对棉花生产的贡献率达到了63.37%。表明我国棉花生产已经实现了由依靠物质投入向依靠技术进步转变。进一步加大棉花新技术（尤其是转基因棉花技术）和棉花先进栽培技术的研究与应用是促进我国棉花生产发展的现实选择。

（3）棉花生产中劳动力已经过剩，但是劳动力对棉花生产的贡献仍居第二位，这意味着提高棉花生产中劳动力的技能可以促进棉花增产。化肥和其他物质投入的贡献出现负值，说明增加化肥和其他物质投入已经不能带来棉花产出的增加。

（4）回归结果显示，气候变量对棉花生产的影响很大，因此对棉田自然灾害和棉花病虫灾害的跟踪和监控，从而及早采取防护措施，减小棉花损失程度也是棉花增产的重要措施。

参考文献

胡少华，邱斌. 2004. 棉花产出增长中的政策、制度、技术与区域因素 [J]. 中国农业经济（3）：54-58.

柯炳生. 2001-11-15. 加入 WTO 与中国棉花产业的发展 [N]. 农村信息报.

毛树春. 2002. WTO 与中国棉花生产技术进步研究 [J]. 中国棉花，29（1）：2-9.

孙林，孟令杰. 2004. 中国棉花生产效率变动：1990—2001——基于 DEA 的实证分析 [J]. 数量经济与技术经济（2）：23-27.

谭砚文，凌远云，李崇光. 2002. 我国棉花技术进步贡献率的测度与分析 [J]. 农业现代化研究，5（9）：344-346.

谭砚文，李朝晖. 2005. 制度变迁与我国棉花流通体制改革 [J]. 生产力研究（12）：31-52.

朱希刚. 1997. 农业技术经济分析方法及应用 [M]. 北京：中国农业出版社.

Measure and analys is on technological progress of cotton from 1998 to 2005

Zhang Shemei, Zhao Zhijun

Abstract：Using Cobb – Douglas average production function model, cotton technological progress for thirteen provinces in China from 1998 to 2005 is analyzed in this paper. The result indicates technology contributes to cotton production is 63. 37%. Finally, some policies and suggestions are put forward to promote cotton technological progress in China.

Key words：cotton；technological progress；average production function；policies and suggestions

后记

本文是与 2004 级博士研究生张社梅在其博士论文相关数据资料的基础上撰写的一篇学术论文，文章发表在《农业科技导报》2007 年第 9 期。文章采用相关的方法测算分析了 1998—2005 年我国棉花技术进步贡献率的实际状况及发展变化趋势，为探索相关方法在棉花产业上的应用进行了有益的尝试，对于把握我国棉花产业的技术进步状况也有一定的决策参考价值。

我国养蜂业技术进步评价与分析

——基于全国微观固定观察点 336 户蜂农面板数据

陈永朋，赵芝俊

摘　要：技术进步作为第一生产力已经越来越被全社会所接受，探讨养蜂业技术进步现状及其存在的问题对于挖掘技术进步潜力、制定有效的技术进步政策具有重要意义。本研究基于随机前沿分析框架，对 2012—2019 年国家蜂产业体系固定观察点的八期 336 户蜂农面板数据进行技术进步率和要素弹性定量分析。研究发现，我国养蜂业广义技术进步率仅为 0.3%，蜂产品产值的增长主要依赖要素投入。基于此，提出促进蜂农与现代农业有机衔接的政策建议。

关键词：养蜂业；现代农业；技术进步率；随机前沿分析

1　引言

养蜂业被誉为"农业之翼"。一方面蜂产品具有很高的经济价值；另一方面蜜蜂授粉为促进农业增效、农民增收、绿色发展提供了有力支撑，对于调整农业和农村经济结构，实现农业生态良性循环，保障我国粮食安全和农村经济可持续发展，具有十分重要的意义。据相关统计，目前我国蜂农大约有30 万户，虽然占小农户总人数的比例较低，但是蜂农在大农业中发挥的作用十分巨大。李海燕（2013）估算出中国 36 种典型作物蜜蜂授粉的年均价值高达 3 042.20 亿元，相当于全国农业总产值的 12.3%，是养蜂业总产值的 76倍。欧阳芳（2019）根据 2015 年主要农作物产量、作物产品价格以及昆虫授粉依赖程度等数据，计算得出昆虫对我国 22 类主要农作物的授粉服务价值为8 860.5 亿元，占当年 GDP 的 1.3%，有巨大的经济价值。尽管有些估计可能被大大夸大（Christian and Gerhard，2000），毫无疑问的是养蜂业提供的授粉服务与农业生产增长密不可分。但是目前我国主要以家庭养蜂生产方式为主，面临着养殖规模偏小、个体蜂农养蜂技术老旧、机械化与组织化水平偏低、蜂农技术水平普遍低的窘境，一定程度上阻碍了现代农业的发展。

本研究以全国蜂农固定观察点数据为基础，运用超越对数随机前沿模型对中国 7 个省份养蜂业技术进步率进行测试与分解，旨在探讨 2012—2019 年期间技术进步变化及要素弹性变化的内在规律，针对蜂农的产出提高到底是依靠技术进步、技术效率的提高，还是依靠要素投入增长这一问题进行实证研究，以厘清我国养蜂业技术进步的特点及存在的问题，从而为最终促进养蜂业及大农业的发展提供决策支持。

2 理论模型构建及测算方法

2.1 基本模型设定

测算农业技术进步率最传统的方法多以实际总产值作为产出指标，以物质投入、劳动力投入、土地等作为投入指标，利用柯布－道格拉斯（C–D）生产函数进行测算。但 C–D 测算方法默认技术进步是中性的，不存在偏向性，这势必会影响技术进步率的测算结果。而现阶段，测算技术进步率的主流方法主要有两种：一种是非参数方法，即数据包络法（DEA）；另一种为参数法的随机前沿分析法（SFA）。本文选用数据随机前沿生产函数模型，是考虑到该模型放宽了要素间替代弹性不变的假设，并且可以克服 C–D 生产函数希克斯中性技术进步的假设所导致的缺陷。

与大农业生产要素一样，养蜂业中对蜂产品产出起到主要作用的投入要素包括：劳动力、土地、资本和机械。因此本研究根据养蜂业技术特点，选择蜂产品产值作为产出变量，选择劳动力要素、蜂群要素、蜂药要素和蜂机具要素作为投入变量。综上，根据 Aigner 等（1977）提出的超越对数随机前沿模型的形式构建中国蜂产业生产技术进步率，具体形式如下：

$$\ln Y_{it} = \beta_0 + \beta_1 \ln L_{it} + \beta_2 \ln B_{it} + \beta_3 \ln F_{it} + \beta_4 \ln M_{it} + \frac{1}{2}\beta_5 \,(\ln L_{it})^2 +$$

$$\frac{1}{2}\beta_6 \,(\ln B_{it})^2 + \frac{1}{2}\beta_7 \,(\ln F_{it})^2 + \frac{1}{2}\beta_8 \,(\ln M_{it})^2 + \beta_9 \ln L_{it} \ln B_{it} +$$

$$\beta_{10} \ln L_{it} \ln F_{it} + \beta_{11} \ln L_{it} \ln M_{it} + \beta_{12} \ln B_{it} \ln F_{it} + \beta_{13} \ln B_{it} \ln M_{it} +$$

$$\beta_{14} \ln F_{it} \ln M_{it} + \beta_{15} t + \beta_{16} t^2 + \beta_{17} t \ln L_{it} + \beta_{18} t \ln B_{it} + \beta_{19} t \ln F_{it} +$$

$$\beta_{20} t \ln M_{it} + (u_{it} - v_{it}) \tag{1}$$

式中，Y_{it} 为第 i 个生产者在第 t 期的总的蜂蜜产值之和，L_{it}、B_{it}、F_{it}、M_{it} 为第 i 个生产者在第 t 期从事养蜂人数、蜂群数量、蜂药费用、蜂机具费用；t 为技术变化时间趋势，用以衡量技术变化；β 为待估参数；v_{it} 为随机统计误

差，反映统计测量误差等不可抗因素造成的模型偏差，且 $v_{it} \sim N(0, \sigma_v^2)$ ；u_{it} 表示因技术非效率所引起的误差。Battese 和 Coelli （1992） 采用时变非效率模型测算如下：$\mu_{it} = \mu_i e^{-\eta(t-T)}$ ，η 是考虑时变性的待估参数，T 为时间纬度，要求 u_{it} 服从截断正态分布 $u_{it} \sim |N(\mu, \sigma_u^2)|$ ，且 v_{it} 和 u_{it} 相互独立。令 $\gamma = \dfrac{\sigma_u^2}{\sigma_u^2 + \sigma_v^2}$ ，$(\lambda \in [0, 1])$ ，表示技术无效率项占复合扰动项 $v_{it} - u_{it}$ 的比重，γ 越大，说明误差越来源于技术非效率项，模型设定越合理。

2.2 技术进步率的测算与分解

技术进步率有广义进步率和狭义进步率之分。根据 Kumbhakar （2000） 对技术进步的研究以及赵芝俊等 （2009） 的研究，广义技术进步率可以被分解为以下 4 个部分：

$$\dot{TFP} = \dot{TP} + \sum_j (\varepsilon_j - S_j) \frac{d\ln X_j}{dt} + \dot{TE} = \dot{TP} + (\varepsilon - 1) \sum_j \frac{\varepsilon_j}{\varepsilon} \frac{d\ln X_j}{dt} +$$
$$\sum_j (\varepsilon_j - S_j) \frac{d\ln X_j}{dt} + \dot{TE} \tag{2}$$

其中，$\dot{TFP}$ 表示为全要素生产率增长率，也称为广义技术进步率。$\dot{TP}$ 表示为要素投入保持一定时，产出随时间的变化率，称之为狭义技术进步率；第二项表示当其他条件保持不变时，产出增长应高于要素投入规模总体增长的比例，称之为规模报酬变化率。其中 ε_j 表示各投入要素的产出弹性；第三项表示实际要素投入与在利润最大化时要素配置比例的匹配程度，称之为要素配置效率变化率，其中 $S_j = w_j X_j / \sum w_j X_j$ ，w_j 表示 j 种要素的价格，X_j 表示第 j 种生产投入要素；第四项反映的是前沿技术水平的实际效率与理论效率的比例随时间的变化率，称之为技术效率的变化率。因本文主要关注技术进步方向，故假设蜂产业规模报酬变化率和要素配置效率变化率均为 0。所以蜂产业技术进步率可以用狭义技术进步率与技术效率变化率之和来表示。

其中，狭义技术进步率 $\dot{TP}$ 的测算公式为：

$$\dot{TP} = (\beta_{15} + \beta_{16}t) + (\beta_{17}\ln L_{it} + \beta_{18}\ln B_{it} + \beta_{19}\ln F_{it} + \beta_{20}\ln M_{it}) \tag{3}$$

狭义技术进步率包含中性技术进步率与偏向性技术进步率两个部分，其中前两项表示为中性技术进步率，随时间的变化而变化，不影响函数中经济变量之间的比例关系；后四项代表单个要素投入发挥的偏向性技术进步。

2.3 生产要素弹性的测算

根据 （1） 式可得出 4 种投入要素 （劳动、蜂群、蜂药和机械） 的产出弹性计算公式：

$$\varepsilon_L = \beta_1 + \beta_5 \ln L + \beta_9 \ln B + \beta_{10} \ln F + \beta_{11} \ln M + \beta_{17} t \qquad (4)$$

$$\varepsilon_B = \beta_2 + \beta_6 \ln B + \beta_9 \ln L + \beta_{12} \ln F + \beta_{13} \ln M + \beta_{18} t \qquad (5)$$

$$\varepsilon_F = \beta_3 + \beta_7 \ln F + \beta_{10} \ln B + \beta_{12} \ln B + \beta_{14} \ln M + \beta_{17} t \qquad (6)$$

$$\varepsilon_M = \beta_4 + \beta_8 \ln M + \beta_{11} \ln L + \beta_{13} \ln B + \beta_{14} \ln F + \beta_{20} t \qquad (7)$$

3 假设检验与估计结果

3.1 数据来源与变量选取

3.1.1 数据来源

本文的数据来源于国家蜂产业体系蜂业经济岗位对全国蜂农固定观察点样本村及样本户全年蜂业生产的统计调查，数据涉及全国 12 个省（自治区、直辖市）养蜂主产区。鉴于数据的可获得性和连续性，选取具有代表性的养蜂省份 2014—2019 年数据，包括浙江省、山西省、河南省、湖北省、甘肃省、吉林省和四川省等 7 个省份，指标为调查问卷中家庭基本情况，养蜂支出情况，蜂产品生产销售情况及养蜂技术采用情况。最终选取面板数据为 7 个省 6 年数据共 2 016 户次，年均 336 户。

3.1.2 变量选取及描述性统计

构建生产函数的变量选取及定义如表 1 所示。因变量选取蜂蜜总产值，核心解释变量包括劳动力投入、蜂群投入、蜂药投入以及机械投入 4 个部分。由于数据为 2014—2019 年的面板数据，为了消除通货膨胀的影响，本文以 2014 年为基期，将养蜂生产总值通过商品零售价格指数进行平减，蜂药费用和机械费用通过生产资料价格指数进行平减。

表 1　生产函数变量名称及含义

变量类别	变量名称	变量含义及单位	预计方向
因变量	养蜂全年总产值 *	蜂蜜总产值（元）	
	劳动力投入	全年劳动力投工天数（天）	+
	蜂群投入	全年饲养蜂群数量（群）	+
解释变量	蜂药投入	全年蜂药支出金额（元）	+/-
	机械投入	全年养蜂机具支出费用（元）	+

* 养蜂总产值=蜂产品总产值+蜜蜂授粉收入。但实地调研中，蜂产品总产值主要是出售蜂蜜的产值；由于蜜蜂授粉市场不完善，蜂农授粉收入几乎为 0。

表 2 描述了各个变量在 7 个省份的样本数与均值，因为自然环境及经济发展水平差异较大，从统计结果可以看出养蜂业的生产要素投入以及产出差异也较为明显。具体而言，四川蜂产品产值最高，约为 120 443 元，山西和甘肃蜂蜜总产值相对较低，均在 50 000 元以下。四川省全年劳动力用工数最多，约 757 人·天，合计全年投入劳动力两人以上；山西地区劳动力投工天数最少，全年约 288 人·天。四川省蜂群投入量最高，高达 310 群，是其他地区的 3 倍之余，而山西省蜂群投入数量则相对较低，平均为 77 群。另外，四川省和浙江省蜂药投入费用也较多，均超过 1 000 元/年。对于机械投入费用而言，四川省明显高于其他省份，其他省份机械投入相对较低，在 100 元上下波动。

表 2　生产函数变量描述性统计

变量名称	浙江		山西		河南、湖北		甘肃		吉林		四川	
	样本	均值	样本	均值	样本	均值	样本	均值	样本	均值	样本	均值
蜂蜜产值（元）	456 个	69 579	288 个	49 527	1 000 个	54 047	328 个	48 399	344 个	75 497	272 个	120 443
劳动投入（人·天）	456 个	451	288 个	321	1 000 个	466	328 个	441	344 个	297	272 个	757
蜂群投入（群）	456 个	106	288 个	77	1 000 个	99	328 个	116	344 个	96	272 个	310
蜂药投入（元）	456 个	1 013	288 个	477	1 000 个	916	328 个	610	344 个	551	272 个	1 511
机械投入（元）	456 个	124	288 个	64	1 000 个	75	328 个	73	344 个	106	272 个	181

注：本表数据根据实地调研计算得到。

3.2　模型检验与估计

在选取变量和设定模型的基础上，检验模型设定正确与否需要先后对以下 4 个方面进行检验：

（1）随机前沿模型的适用性检验，即检验无效率项是否存在。原假设为 H_0: $\gamma = \mu = \eta = 0$，如果接受原假设，则模型不存在无效率项，使用普通 OLS 估计方法最小二乘法即可；反之，若拒绝原假设，则无效率项存在，SFA 模型具有适用性。

（2）生产函数形式检验，即检验 C-D 生产函数和 Translog 生产函数哪个更合适。原假设为 H_0: $\beta_5 = \beta_6 = \cdots = \beta_{20} = 0$，如果接受原假设，则生产函数使用简单的 C-D 生产函数即可；反之，如果拒绝原假设，则应采取 Translog 生产函数。

（3）技术进步检验，即检验模型是否存在技术变化。原假设为：H_0: $\beta_{15} = \beta_{16} = \cdots = \beta_{20} = 0$，即所有含时间变量 t 的各项系数均为 0，如果接受原假设，说明模型不存在技术变化，也不需要对（4）进行检验；反之，如果拒绝原假设，则继续进行第（4）步检验。

（4）技术非中性检验，即检验技术变化是否为希克斯中性。技术中性是指技术变化与投入要素无关，原假设为 $H_0: \beta_{17} = \beta_{18} = \cdots = \beta_{20} = 0$，即时间变量 t 与投入要素变量的交互项系数为 0。如果接受原假设，则模型计算变化为希克斯中性；反之，如果拒绝原假设，则模型技术变化非中性。

对上述 4 项检验进行广义似然比检验（表 3），需要计算 LR 统计量并与相应的自由度下的混合卡方分布临界值进行比较，其中，LR 统计量为：$\lambda = -2(L_0 - L_1)$，L_0 和 L_1 分别表示约束条件下的原假设和无约束条件下的备择假设的对数似然值。如果计算的 LR 统计量值在 α 显著水平下大于其临界值，则说明在 α 显著水平下拒绝原假设。

表 3　LR 假设检验结果

序号	原假设	LR 统计量	临界值	检验结论
1	$H_0: \gamma = \mu = \eta = 0$	40.46 ***	22.956	拒绝
2	$H_0: \beta_5 = \beta_6 = \cdots = \beta_{20} = 0$	31.90 ***	9.998	拒绝
3	$H_0: \beta_{15} = \beta_{16} = \cdots = \beta_{20} = 0$	17.30 ***	7.094	拒绝
4	$H_0: \beta_{17} = \beta_{18} = \cdots = \beta_{20} = 0$	187.79 ***	5.528	拒绝

从表 3 中 LR 假设检验结果可以看出，以上 4 个假设拒绝原假设，说明采用超越对数前沿模型分析合理，且中国蜂业生产存在偏向技术进步。

3.3　模型估计结果

进一步利用 Frontier 4.1 软件使用随机前沿模型，估计面板数据系数进行估计，回归结果如表 4 所示。

表 4　蜂业生产超越对数随机前沿模型估计结果及显著性

解释变量	参数	t 估计值	解释变量	参数	t 估计值
常数	4.328 ***	3.225	$\ln F \ln M$	−0.044	−1.451
$\ln L$	−0.142	−0.208	t	−0.157	−0.650
$\ln B$	0.717 *	1.947	t^2	0.095 ***	3.359
$\ln F$	−0.247	−1.153	$t \ln L$	0.044	0.913
$\ln M$	1.891 ***	3.232	$t \ln B$	−0.139 ***	−3.449

（续表）

解释变量	参数	t 估计值	解释变量	参数	t 估计值
ln$L$ln$L$	0.072	0.358	$t$ln$F$	0.041***	3.185
ln$B$ln$B$	−0.185	−1.254	$t$ln$M$	−0.003	−0.120
ln$F$ln$F$	−0.012	−0.708	σ^2	12.043***	8.281
ln$M$ln$M$	−0.074	−0.652	γ	0.806***	31.230
ln$L$ln$B$	0.122	0.796	μ	−6.231***	−7.960
ln$L$ln$F$	0.016	0.452	η	−0.206***	−8.171
ln$L$ln$M$	−0.231**	−2.146	截面数量	336	
ln$B$ln$F$	0.068**	2.047	LR 单边检验	26.39***	
ln$B$ln$M$	0.054	0.499	总样本	2688	

注：***、**、* 分别表示估计系数通过 0.01、0.05、0.1 的显著性检验

表 4 的估计结果可知，LR 单边检验在 0.01% 的水平显著，说明 γ、μ、η 不全为 0。另外，γ 值为 0.806 且显著，说明养蜂业生产存在效率损失，复合扰动项中 80.6% 可以被解释；参数 η 在显著 0.01% 水平下通过了检验，说明养蜂业技术效率随时间变化明显。鉴于此，可以认为估计的计量模型是可靠的。从要素投入系数来看，蜂群投入和蜂机具投入的一次项回归系数通过了显著水平检验且为正值，二次项系数均不显著，说明蜂群投入和蜂机具投入对养蜂业 TFP 的增长起到正向作用。

从交互项来看，劳动力投入与机械投入的交互项系数显著且为负值，这表明它们之间存在显著的替代效应；蜂群投入和机械投入的交互项系数显著且为正，表明蜂群投入和机械投入存在互相促进的作用。从时间变量 t 和投入要素的交互项系数可以看出，蜂群投入与时间的交互项、蜂药投入与时间的交互项系数通过了 1% 的显著性水平，说明养蜂业技术进步可能存在偏向性的特征。另外，时间变量的一次方系数统计不显著，为负值，二次方系数通过了 1% 显著水平且为正，二次项系数为负，说明随着时间的推移中性技术进步增长呈减弱趋势。

4 进一步分析与讨论

4.1 养蜂业生产要素产出弹性分析

将表 2 中的参数估计结果带入公式（3）中，可得到全国要素投入的平均产出弹性，结果见图 1。

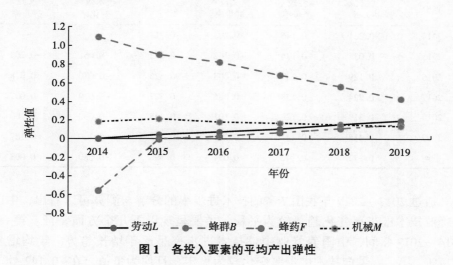

图 1 各投入要素的平均产出弹性

从规模报酬层面来看，2014 年、2018—2019 年间各要素产出弹性之和小于 1，说明我国养蜂业在此期间的规模报酬是递减的；2015—2017 年间各要素产出弹性之和大于 1，说明这期间养蜂业富有弹性，规模报酬是递增的。从全国范围来看，2014—2019 年间劳动力投入（L）的产出弹性均为正值且呈逐年增加趋势，说明劳动力投入在蜂产品产值增长中的作用逐渐增大，可以通过合理增加劳动力投入来提高蜂产品产值；蜂群投入（B）的产出弹性数值最大，有逐年下降的趋势，说明蜂群数量增加是蜂农收入增长的最重要因素，但随着养殖规模的增加，蜂群投入的边际产出有放缓趋势；蜂药投入（F）的产出弹性逐渐增长，并且从 2015 年开始由负转正，说明增加蜂药投入在其后的一段时间内可以提高蜂蜜产量的增长；机械费用（M）的产出弹性全部大于 0 但有递减的趋势，即机械费用的边际产出是逐年减少的。

4.2 中国养蜂业技术进步率的时序测算结果与分析

为进一步分析中国蜂业技术进步率的影响因素，根据表 4 的估算结果，现对 2014—2019 年间中国 7 个蜂业发展省份的中性技术进步率、技术效率变化率以及广义技术进步率进行测算。测算结果如表 5 所示。

表 5   2014—2019 年中国蜂业技术进步率及其分解

年份	中性技术进步率	偏性技术进步率	狭义技术进步率	技术效率	技术效率变化率	广义技术进步率
2014	−0.061	−0.146	−0.208	0.717	—	—
2015	0.034	−0.176	−0.142	0.673	−0.061	−0.203
2016	0.129	−0.137	−0.008	0.626	−0.070	−0.078
2017	0.224	−0.138	0.086	0.577	−0.079	0.007
2018	0.319	−0.129	0.191	0.525	−0.090	0.100
2019	0.415	−0.127	0.287	0.472	−0.100	0.187
平均	0.177	−0.142	0.034	0.598	−0.080	0.003

通过 2012—2019 年我国 7 省的技术进步率的分解与测算可以看出，中国养蜂业技术进步率变化趋势较为平稳，主要呈现以下几个方面特征：第一，2014—2019 年间，中国养蜂业中性技术进步率呈逐年增长趋势，年均增长17.7%。第二，偏向技术进步率变化较为稳定，且均为负值，在−0.142 处上下波动，说明养蜂业偏性技术进步阻碍了养蜂业的发展。第三，2014—2016年间养蜂业狭义技术进步率一直为负值；从 2017 年开始正向增长，主要是因为中性技术进步率的正向作用抵消了偏性技术进步率的负向作用，说明养蜂业狭义技术进步率在 2017 年开始靠中性技术进步发挥正的作用。第四，相对于其他农业产业而言，养蜂业的技术效率相对偏低，平均值仅为 59.8%。第五，我国养蜂业广义技术进步率年均增长为 0.3%，因技术效率变化率随时间变化不明显，所以广义技术进步率与狭义技术进步率走势基本一致。2015—2016 年间，中国蜂业广义技术进步率为负值，说明我国蜂产业 TFP 的增长率处于负向增长，自 2016 年之后广义技术进步率开始转向正增长，但增长幅度极低，一定程度上说明我国养蜂业技术进步发展比较迟缓。

同时，实地调研数据也能够较为清晰地支撑我国养蜂业技术进步、技术效率偏低的现状。首先，从劳动力投入来看，我国几乎都是家庭形式的养蜂方式，大多是夫妻两人搭档，平均年龄高达 59 岁，一直延续着传统、落后的养蜂方式，是造成整个养蜂业技术效率低下的主要原因。其次，从养蜂机械投入而言，养蜂业机械化程度极低，绝大多数蜂农在养蜂生产中除了摇蜜机之外没有任何其他蜂机具，养蜂过程中的各项工作多以传统的人力从事蜂业生产也是造成养蜂技术效率低下的原因。再次，从育种技术来看，蜂王、蜂群更新换代的频率极低，还常常出现蜂群患病，导致蜜蜂产蜜量降低，也是造成技术进步率偏低的原因。最后，从蜂药方面来看，蜂药技术在养蜂业中仍有较为广泛的上升空间。由于我国对农药的使用缺乏管制，蜂农一旦发现蜂群群势变弱，便乱用抗生素等药物，这不仅影响蜂产品中的药物残留量，还会引起蜂群抵抗力下降，影响蜂群的质量，从而影响蜂蜜的质量和产量。由此可见，基于实地调研的综合整体情况而言，近年来养蜂业中的好经验与新技术并未在我国以散户蜂农为主的产业群体中推广开来，蜂农与现有的技术衔接程度较低，进一步表明我国养蜂业技术创新意识还不够高，更趋于追求短期利益而忽视了技术创新。

4.3 中国养蜂业技术进步率区域测算结果与分析

由于我国地域辽阔，不同省份间的区域特征和产业结构差异较为明显，便会导致各地养蜂业 TFP 增长率的内在变化规律不同，因此有必要对我国养蜂业的 7 个省份的技术进步率进行分解。从养蜂业技术进步的空间分布来看（表6），7 个省份的偏向技术进步率均为负值，说明中国养蜂业偏向性技术进步率对 TFP 的增长起到阻碍作用。因此，提高偏向技术进步率是促进养蜂业 TFP 增长率的关键点之一。狭义技术进步较快的省份有山西、河南、湖北、浙江，且均为正值，说明对于这些省份的狭义技术进步中起作用较大的是中性技术进步率；而四川省和甘肃省的狭义技术进步率为负值，说明偏向技术进步在狭义技术进步中占主导地位。同时，从各省份技术效率来看，技术效率平均在 60% 以下，说明我国蜂产业发展具有"粗放型"特征。技术效率低下潜在的原因可能是受到蜂农的受教育程度、基础设施条件、自然灾害等因素所限制。从实地调研过程中也发现，我国蜂产业发展受气候和灾害的影响较大，依然是靠天吃饭的产业，蜂蜜产量和蜂农收益极其不稳定、年轻人不愿意进入、生产条件艰苦、老龄化严重面临后继乏人的现象日益突出。尤其是在 2016 年和 2018 年甘肃省养蜂业生产接近绝收状态，这也是造成甘肃省技术效率最低的可能原因。

表6　2012—2019 年中国养蜂业省域层面技术进步率及其分解

省份	偏性技术进步率	狭义技术进步率	技术效率	技术效率变化率	广义技术进步率
甘肃	−0.222	−0.046	0.453	−0.173	−0.219

（续表）

省份	偏性技术 进步率	狭义技术 进步率	技术效率	技术效率 变化率	广义技术 进步率
河南	−0.111	0.066	0.659	−0.075	−0.009
湖北	−0.118	0.059	0.615	−0.090	−0.032
吉林	−0.147	0.030	0.659	−0.078	−0.048
山西	−0.102	0.075	0.611	−0.105	−0.031
四川	−0.225	−0.048	0.612	−0.168	−0.216
浙江	−0.119	0.058	0.557	−0.115	−0.057

5 结论与启示

5.1 结论

  本研究以 2014—2019 年浙江、甘肃、湖北、吉林、河南、山西等 7 省 336 户固定蜂农观察点的连续微观数据为样本，运用超越对数的随机前沿生产函数分解测算养蜂业生产要素弹性以及技术进步率，在技术进步视角下运用实证分析方法探讨蜂农与现代农业有机衔接的现状，最终得到以下主要结论：第一，从生产要素产生弹性测算结果看，养蜂业的劳动投入（L）和蜂药投入（F）的产出弹性呈现逐年增加趋势，因此，未来养蜂业加强新型蜂农培育和蜂药技术投入，可以有效提高蜂产品产值；蜂群投入（B）的产出弹性数值最大，尽管有逐年下降的趋势，但仍是对养蜂业总产值影响最大的因素；在研究期间，机械费用（M）的产出弹性有递减的趋势。第二，从时间维度看，2014—2019 年中国养蜂业平均广义技术进步率为 0.3%，其中狭义技术进步率为 3.4%，技术效率随时间变化损失不显著，年均以 −0.08 的速率变化。第三，从空间维度看，7 个省份广义技术进步率均为负值，其中甘肃省和四川省是广义技术进步率和技术效率相对较低的省份，同时甘肃省也是技术效率最低的省份，仅为 45.3%。河南省的广义技术进步率和技术效率在 7 个省份中均最高。

  总的来看，在 2014—2019 年间蜂农与现代农业有机衔接程度不高。从要素投入和技术进步率的测算结果发现：我国蜂农蜂产品产值提高主要是依赖于劳动力投入、蜂群投入、蜂药投入、机械投入的增加，而养蜂技术水平的提高十分缓慢，仅为 0.3%，造成养蜂业技术进步率增长缓慢的主要原因在于蜂产业生产技术与生产实际结合不紧密，一定程度上说明当前我国养蜂业技

· 72 ·

术推广与应用力度和饲养管理方式亟待优化方面均有较大的上升空间。目前，从实地考察中发现，蜂农的育种技术、蜂药技术以及机械技术进展十分缓慢，难以与现代养蜂技术有机衔接。

5.2　建议

　　基于以上分析结果，本研究针对如何促进蜂农与现代农业有机衔接，提出以下政策建议：第一，从要素投入层面看，加强新型职业蜂农的培训、提升蜂农自身水平是实现蜂农与现代农业有机衔接的首要任务。根据国家蜂产业体系固定蜂农观察点的调研数据，我国蜂农平均年龄已经达到 60 岁左右，老龄化程度愈来愈严重，并且大多数蜂农最初养蜂都是受到祖传的影响，仍采用原有落后的养蜂方式，面临着养蜂机械化水平极低、蜂产品质量差的窘态。这明显影响到蜜蜂新品种、新技术以及先进养蜂经验的推广，因此亟需加大对新型蜂农进行培训，全力推进养蜂新技术的广泛应用。通过培训，转变传统养蜂观念，积极推广规模化、生产成熟蜜等先进技术，引导蜂农科学养殖。同时推进蜂产业产学研有效结合，创新养蜂业技术推广方式，推行市场主导、政府引导型技术推广模式，同时鼓励高素质人才积极投身养蜂业中。第二，从技术进步层面看，大力推进养蜂技术研发与节本增效提质新技术。一方面因地制宜培育国产优质蜜蜂新品种，积极推进规模化养殖、养强群、生产成熟蜜的先进技术，通过规模化养殖形成较大规模的养蜂基地，打造高效优质蜂生产机械设备，升级取蜜、养蜂技术装备，提升蜂蜜的品牌竞争力。另一方面，要强化养蜂生产国内外技术研发与合作，提升我国养蜂生产技术自主研发力度，充分发挥养蜂生产中先进技术集成与示范作用，以点带面将新的养蜂技术辐射到全国各地。第三，从蜂农技术效率层面来看，进一步强化蜂农与新型农业经营主体之间风险共担、利益共享的联结机制。通过股份合作、产业化经营、社会化服务等多种途径，着力探索蜂蜜市场优质优价的机制（柯福艳和张社梅，2011），规范合作社与蜂农之间的利益联结机制，推进养蜂业政策支持的法制化、制度化和精准化；同时，政府部门要加大公共财政资金投入，出台相关养蜂补贴、实施信贷优惠政策，优化农村融资环境等，引导社会资本投入蜂产业，为养蜂业发展提供源源不断的动力源泉。

参考文献

柯福艳，张社梅，2011. 中国家庭养蜂技术效率测量及其影响因素分析 [J]. 农业技术经济（3）：67-73.

刘勇，庄小琴，2013. 创新农业经营体系　推动现代农业发展 [J]. 求实（12）：102-105.

芦千文，石霞，2018. 小农户与现代农业的有机衔接 [J]. 社会科学动态（12）：43-46.

欧阳芳，王丽娜，闫卓，等，2019. 中国农业生态系统昆虫授粉功能量与服务价值评估 [J]. 生态学报，39（1）：131-145.

全炯振，2009. 中国农业全要素生产率增长的实证分析：1978—2007 年——基于随机前沿分析（SFA）方法 [J]. 中国农村经济（9）：36-47.

王亚华，2018. 什么阻碍了小农户和现代农业发展有机衔接 [J]. 农村经营管理（4）：15-16.

温锐，邹新平，2013. 农户家庭经济的"动态开放"性与现代化——"小农·农户与中国现代化"学术研讨会综述 [J]. 人民论坛（23）：72-73.

叶敬忠，豆书龙，张明皓，2018. 小农户和现代农业发展：如何有机衔接？[J]. 中国农村经济（11）：64-79.

张红宇，2018. 实现小农户和现代农业发展有机衔接 [J]. 中国乡村发现（3）：56-59.

赵芝俊，袁开智，2009. 中国农业技术进步贡献率测算及分解：1985—2005 [J]. 农业经济问题（3）：28-36.

朱倍颉，李朝柱，芦千文，2020. 小农户如何通过农业生产性服务衔接现代农业？[J]. 太原学院学报（社会科学版），21（3）：9-19.

BATTESE G E，COELLI T J，1992. Frontier Production Functions，Technical Efficiency and Panel Data：With Application to Paddy Farmers in India [J]. Journal of Productivity Analysis，3（1-2）：153-169.

CHRISTIAN W，GERHARD G，2000. Diversity Pays in Crop Pollination [J]. Crop Science，40（5）：1209-1222.

JOACHIM V B，2005. 全球化及其对小农户的挑战 [J]. 南京农业大学学报（社会科学版）（2）：8-22.

LENNART H，SUBAL C K，ALMAS H，1996. DEA，DFA and SFA：A Comparison [J]. Journal of Productivity Analysis，7（2-3）：303-327.

An empirical study on the organic connection between smallholder farmers and modern agriculture from the perspective of technological progress

—based on the panel data of 336 households of beekeepers at the national micro fixed observation points

Chen Yongpeng, Zhao Zhijun

Abstract: Under the national conditions of "big country small farmers", it is of great significance to discuss the organic connection between small farmers and modern agriculture. Based on the stochastic frontier analysis framework, this study takes the beekeeping industry as an example to conduct quantitative analysis on the technological progress rate and factor elasticity of 336 household bee-farmers panel data from eight periods of fixed observation points of the national apilogical industry system from 2012 to 2019. From the perspective of technological progress, it deeply analyzes the degree of convergence between Chinese apee-farmers and modern agriculture. It is found that the general technical progress rate of China's apiculture industry is only 0.3%, and the growth of the output value of bee products is mainly dependent on the input of factors, and it is difficult to connect apiculture and modern agriculture organically. Based on this, the paper puts forward some policy suggestions to promote the organic connection between apiculture and modern agriculture.

Key words: Apiculture; Modern agriculture; Rate of technological progress; Stochastic frontier analysis

后记

本文是与 2018 级硕士研究生陈永朋基于国家蜂产业技术体系经济岗位固定观察点调研数据的基础上撰写的一篇学术论文。该文的价值在于基于课题组连续 8 年的固定观察点数据，并运用超越对数随机前沿函数模型，对我国养蜂业的技术进步状况进行了分析，明确了影响养蜂业技术进步发展变化的主要因素，为促进产业的健康发展找到了可行抓手。

偏向性技术进步视角下中国粳稻技术进步方向及其时空演进规律*

罗　慧，赵芝俊

摘　要：本文基于1998—2017年13个粳稻主产省份的面板数据，利用随机前沿分析框架测算粳稻的技术进步率和技术偏向指数，深入分析中国粳稻技术进步的实现路径以及技术进步方向的时空演进特征。研究发现：粳稻技术进步率为1.1%，技术进步的潜能主要来自偏向性技术进步；粳稻的偏向性技术进步有明显异质性和阶段性特征。建议研发推广节本提质增效的绿色技术，依靠现代化信息技术和管理手段进一步提升技术精度服务水平，加强政策导向作用，促进粳稻绿色生产。

关键词：粳稻生产；偏向性技术进步；技术进步率；随机前沿分析

1　引言

水稻在国计民生中有着重要地位。它是世界上约1/3人口的口粮，中国约65%的人口也以稻米为主食。随着国民经济的发展和人民生活水平的提高，人们越来越重视稻米的品质。跟籼稻相比，粳稻因其口感和营养更佳，越来越受到偏爱。黄季焜等（1996）研究发现，人均收入水平每上升10%，粳米的消费量会增加1.38%，籼米消费量下降1.16%。2014年中央农村工作会议强调"要坚持把保障国家粮食安全作为首要任务，确保谷物基本自给、口粮绝对安全"。2010年农业部部长韩长赋在主持召开农业部常务会议时强调"确保粮食安全的核心是口粮，口粮供给的重点是稻米，稻米供给的关键是粳稻。"可见，作为重要"口粮"之一的粳稻在中国粮食安全和社会稳定中的作用不可忽视，但是随着中国工业化和城镇化进程的加快，基础公共设施、道路交通等对土地需求量的激增，加剧了中国耕地资源的稀缺性。2016年中国

* 项目来源：中国农业科学院基本科研业务费项目（编号：Y2018ZK07）、中国农业科学院科技创新工程项目（编号：CAAS-ASTIP-2019）、中国科学院战略性先导科技专项"粮食增产技术进步贡献与颠覆性技术及其推进政策研究"。赵芝俊为本文通讯作者

粮食播种面积已比 1980 年减少了约 3.6%。虽然国家提出要确保 18 亿亩耕地红线，但由于大部分农田靠近城镇，能否保护好这些耕地令人担忧。2001 年胡瑞法等（2001）就提出，中国地少人多的资源状况决定了中国现代农业的发展更倾向于"土地节约型"技术。自 2015 年开始水稻的托市价格逐年下降，2018 年又提出调减 1 000 万亩以上的水稻面积，这将使本来不足水稻面积 1/3 的粳稻种植面积进一步减少。在耕地资源稀缺的情况下，粳稻生产技术进步速率将如何变化？除了土地节约技术，还有哪些技术的发展会对粳稻生产产生影响？不同地区的技术偏向是否有空间异质性？对这些问题进行深入系统的研究将会为中国制定粮食安全生产政策提供理论支持。

2 文献综述

技术进步理论始于熊彼特的技术创新理论。他认为技术创新就是引进一种"新的生产函数"。至于这个生产函数的形式以及技术是否是中性的，后来的学者有着不同的观点。1932 年 Hicks（1932）首先提出技术进步是有偏向性的，认为要素相对价格变化会激发"技术发明的动力"，其目的是为了节约昂贵的生产要素并提高劳动生产率。20 世纪 60 年代一些学者（Fellner，1961；Kennedy，1964；Samuelson，1965）从不同方面对 Hicks 所提出的理论进行论证并表示支持。与此同时，1957 年古典增长理论的代表索洛（Solow，1957）给出了与 Hicks 截然相反的观点。他认为技术进步是外生且中性的，并提出"索洛余值"概念，认为要素的投入对产出增长的贡献取决于要素投入量和技术进步。在此之后国内外许多学者用索洛余值的方法计算不同地区或不同领域的技术进步率。Kaldor（1961）提出"收入份额在经济长期发展中保持稳定"是成熟工业经济的特征事实之一（潘文卿等，2017），Berndt（1976）采用对美国的实证研究结果支持 Solow 提出的技术进步中性的观点，致使技术进步偏性研究进入冷淡期。

20 世纪下半叶，很多发达国家和发展中国家都出现了"技能溢价"现象，即与低技能劳动者相比，高技能劳动者的就业和工资比重快速增加（陶爱萍等，2018），引发人们对要素收入稳定性论述的质疑（潘文卿等，2017）。Blanchard 等（1997）、Autor 等（1998）通过实证研究提出技能溢价是由于技能偏向性技术进步所引起的。自此，技术进步偏向性研究再一次受到关注。Acemoglu（1998，2002，2003）在 Hicks 的基础上进一步给出了技术进步偏向性的定义，并用模型化的方法将技术进步偏向性应用于分析技能溢价的现象。随后，其他学者开始应用技术偏向性理论研究经济增长和经济发展等相关的问题。进入 21 世纪后，关于要素偏向性技术进步研究逐渐增多。

在农业领域，速水佑次郎等在 Hicks 理论的基础上首先提出农业生产同样存在技术进步偏向的现象，即要素相对稀缺会引起供给弹性和相对价格的差异，这种差异会诱使技术向价格相对低并丰裕的要素方向发展（Hayami 等，1971）。1974 年 Binswanger 进一步发展完善的农业诱致性技术变革理论揭示了农业技术进步的非 Hicks 中性特征（封永刚，2018）。黄季焜等（1993）研究也发现农业技术进步并非是外生的，而且生产技术的选择受到市场需求诱导和要素诱导因素的影响。Lin（1992）使用中国农业数据验证诱致性技术理论同样适用于分析发展中国家的农业经济增长问题，并用农机或化肥等要素作为判断技术进步偏向的依据。付明辉等（2016）使用对 1995—2013 年间 28 个国家的农业技术进步状况进行研究发现偏向性技术进步对大部分国家的农业全要素生产率具有促进作用。

国内学者对农业技术进步和技术效率有很多研究，但对农业技术进步偏向性研究相对较少，大都侧重以下几方面：第一，侧重国家层面的技术进步偏向性研究。刘岳平等（2016）研究了中国农业生产中技术进步偏向指数和经济增长之间呈正相关关系，资本和劳动的替代弹性大于 1。魏金义（2016）运用耦合协调模型分析了 1981—2011 年中国农业技术进步与要素禀赋的耦合协同情况，发现 1982 年以来中国各地区农业呈现偏向性，东中西三区域的偏向性不一致。尹朝静等（2018）发现中国农业技术进步偏向型存在地区差异，总体上偏向节约劳动力要素。吴丽丽等（2016）提出中国农业技术变革存在明显的诱致性偏向，农业生产呈现劳动节约和资本深化迹象。第二，侧重对某省份的深入研究。陆泉志等（2018）提出广西技术进步单轨损失是其粮食全要素生产率衰退的原因。邓灿辉等（2018）对河南省粮食全要素生产率进行空间分析发现驱动因素已由技术进步单项驱动转变为技术进步和技术效率同步驱动。第三，侧重某要素偏向型技术进步对农业生产的单方面作用。王林辉等（2018）利用中国 1952—2011 年中国农业部门的数据探讨了技术进步偏向性对要素边际产出及收入结构的影响。黄晓凤等（2018）测度了 2005—2015 年中国农业能源偏向性及其效率情况，提出相对于非能源要素（资本和劳动），能源要素偏向性技术的效率较高。第四，侧重对某一农作物的技术进步偏向性研究。陈苏等（2018）用中国省级面板数据对玉米的生产要素结构调整和生产技术进步进行实证分析，发现玉米生产技术进步存在偏向性，化肥节约型、劳动和机械使用型技术并存。杨海钰等（2018）对中国 7 个生产苹果的省份不同栽培技术进步的偏向性进行研究，指出不同省份的苹果技术基本方向存在一定差异。

以上文献对中国粮食技术进步偏向性的深入研究有着重要价值，但仍存在以下不足：第一，当前中国农业领域关于技术进步偏向性研究多是从国家层面和不同区域层面对农业或粮食总体情况进行研究，而不同粮食作物在耕种方面对技术和地理条件存在明显的差异，因此宏观层面的研究对于某一作物的技术进步偏向性研究没有明显的指导性作用。第二，目前技术进步偏向性研究多在资本—劳动两要素的生产系统中构建，很少有文献将其运用到Hayami 等（1971）构建的多要素嵌套结构的农业生产系统中（封永刚，2018），生产技术偏向性体现不具体。第三，当前对粳稻的技术进步研究相对较少，对其进行技术进步偏向性的研究更少。

鉴于此，本文利用 1998—2017 年中国 13 个粳稻的主要生产省级面板数据，使用超越对数随机前沿模型对中国粳稻技术进步率进行测算和分解，深入探究要素技术进步偏向指数对全国及各省份的技术进步方向的时空影响。在偏向性技术进步视角下探寻中国粳稻技术进步方向的研究目前并不多见，接下来的实证分析和结论会对水稻种植结构调整和技术升级等方面具有一定的理论价值和实际意义，同时，对其他粮食作物生产与技术方面的研究有着借鉴意义和参考价值。

3 理论模型构建

3.1 基本模型设定

通常采用柯布-道格拉斯（C-D）生产函数测算农业技术进步率，产出指标多以实际农业总产值衡量，投入指标多为农业物质费用、土地、农业劳动力等生产变量，但在测定粮食技术进步率时用宏观变量存在以下问题：①产出用粮食产值作为产出指标会因价格波动掩盖技术进步的作用。②笼统地以农业物质费用做变量，体现不出当前中国化肥、机械和种子等要素对粮食生产的作用。③具体测算时不能更准确地分离出不同粮食的播种面积。另外本文主要研究的是在土地资源稀缺的情况下技术偏向哪些要素更能促进技术进步率的提高，因此用单位土地面积的投入量进行研究更能切入主题。④无法获得实际投入粮食生产的劳动力人数。⑤从已有的研究可知粮食生产需要借助生产要素的投入才能更好地发挥农业技术的作用，而 C-D 生产函数假定技术中性，这势必影响技术进步率的测算，因此选择的模型需要体现偏性技术对粮食生产的影响。

农业技术对粮食生产的影响除技术进步率外，还取决于技术效率的高低，而测算技术效率的常用方法是生产前沿分析法。该方法通常分为参数法和非参数法，参数法多采用随机前沿生产函数（SFA），后者通常用数据包络分析法（DEA）。DEA 方法对数据精确度要求高，并且测算结果可能会受到奇异值的影响，而 SFA 具有更好的稳健性。综上所述，本文以随机前沿模型为基础，采用超越对数的生产函数模型来测定中国粳稻的生产技术进步率。在指标设定和数据选取等方面，借鉴 Battese（1995）、孙昊（2014）、彭代彦等（2016）、刘颖等（2016）的研究，本文将模型具体形式设定如下：

$$\ln Y_{it} = \beta_0 + \beta_1 \ln L_{it} + \beta_2 \ln F_{it} + \beta_3 \ln M_{it} + \beta_4 \ln S_{it} + \frac{1}{2}\beta_5 (\ln L_{it})^2 +$$

$$\frac{1}{2}\beta_6 (\ln F_{it})^2 + \frac{1}{2}\beta_7 (\ln M_{it})^2 + \frac{1}{2}\beta_8 (\ln S_{it})^2 + \beta_9 \ln L_{it} \ln F_{it} +$$

$$\beta_{10}\ln L_{it}\ln M_{it} + \beta_{11}\ln L_{it}\ln S_{it} + \beta_{12}\ln F_{it}\ln M_{it} + \beta_{13}\ln F_{it}\ln S_{it} +$$

$$\beta_{14}\ln S_{it}\ln M_{it} + \beta_{15}t + \frac{1}{2}\beta_{16}t^2 + \beta_{17}t\ln L_{it} + \beta_{18}t\ln F_{it} + \beta_{19}t\ln M_{it} +$$

$$\beta_{20}t\ln S_{it} + (v_{it} - \mu_{it}) \tag{1}$$

其中，ln 代表自然对数，Y_{it}表示第 t 年第 i 个生产省份的单位产量（kg/亩）；L_{it}、F_{it}、M_{it}、S_{it}分别表示第 t 年第 i 个生产省份的用工量（工日/亩）、化肥折纯量（kg/亩）、机械作业费用（元/亩）、种子用量（kg/亩）；t 表示技术变化的时间趋势；β_{it}表示待估计的参数；v_{it}表示随机误差项，$v_{it} \sim N（0，\sigma_v^2）$；$\mu_{it}$表示技术无效率项，$\mu_{it} \sim i.i.d. N^+（\mu，\sigma_\mu^2）$。在此采用 Battese（1992）所提出的时变非效率模型测算技术无效率项，$TE = \mu_{it} = \mu_i e^{-\eta(t-T)}$。$\eta$ 为技术效率随时间变动的参数，若统计显著，说明技术效率随时间呈现显著变化。$\eta>0$ 表示技术效率损失的绝对值随时间变化变小；$\eta<0$ 表示技术效率损失的绝对值随时间变化变大；$\eta=0$，意为不变。T 为时间维度。定义 $\gamma = \sigma_u^2/(\sigma_u^2+\sigma_v^2)$，$0\leq\gamma\leq1$，反映技术无效率项对实际产出偏离的相对重要程度，$\gamma$ 越大，考虑技术效率因素的必要性就越强；γ 越小，表示误差主要来源于随机因素。

3.2 技术进步率的测算与分解方法

技术进步率可分为广义技术进步和狭义技术进步。广义技术进步率按照产出途径分解为狭义技术进步率、规模报酬收益率、资源配置效率变化率和技术效率 4 个部分（赵芝俊等，2009）：

$$\dot{TFP} = \dot{TP} + \sum_j (\varepsilon_j - S_j)\frac{d\ln X_j}{dt} + \dot{TE} = \dot{TP} + (\varepsilon - 1)\sum_j \frac{\varepsilon_j}{\varepsilon}\frac{d\ln X_j}{dt} + \sum_j (\frac{\varepsilon_j}{\varepsilon} -$$

$$S_j) \frac{d\ln X_j}{dt} + \dot{TE} \tag{2}$$

其中，TFP表示全要素生产率的增长率，也被称为广义技术进步率。$\dot{TP}$代表狭义技术进步率；第二项代表规模收益变动率，其中ε_j代表式（1）中第j个投入要素（劳动、化肥、机械和种子）的产出弹性；第三项表示投入要素配置效率变化率，其中$S_j = \omega_j X_j / \sum \omega_j X_j$，$\omega_j$表示$j$种要素的价格；第四项是技术效率的变动率。本文关注的重点是偏向性技术进步率，所以在此假定粮食生产规模报酬不变和资源配置效率变化为零，式（2）中TFP简化为狭义技术进步率$\dot{TP}$和技术效率变动率$\dot{TE}$之和。

其中，狭义技术进步率$\dot{TP}$测算公式为：

$$\dot{TP} = \frac{\partial \ln Y}{\partial t} = \varepsilon_t = \beta_{15} + \beta_{16}t + \beta_{17}\ln L + \beta_{18}\ln F + \beta_{19}\ln M + \beta_{20}\ln S \tag{3}$$

狭义技术进步率$\dot{TP}$由中性技术进步率和偏性技术进步率两部分组成，$\beta_{15} + \beta_{16}t$表示中性技术进步，意为技术进步随时间变化而变化，不影响函数中经济变量之间的比例关系；后四项代表单个投入要素发挥作用的偏性技术进步。

3.3 技术进步偏向指数的测度方法

Acemoglu（2002）在 Hicks 理论的基础上，进一步明确要素偏向型技术进步的定义。使某种要素的边际产出高于其他生产要素的技术进步，称为要素偏向型技术进步。要素技术进步边际产出比率可表达技术进步偏向的程度，在此称为技术进步偏向指数：

$$I_j = \frac{\dfrac{\partial MP_j}{\partial t}}{MP_j} = \frac{\beta_{jt}}{\varepsilon_j} \tag{4}$$

其中，ε_j是要素j投入的边际产出变化率（即要素产出弹性），$\varepsilon_j = \dfrac{\partial \ln Y}{\partial \ln X_j}$；$\beta_{jt} = \partial \varepsilon_j / \partial t$是第$t$年因技术进步所引起的要素$j$投入增加产生的边际产出增量。4 种投入要素（劳动、化肥、机械和种子）的产出弹性分别是：

$$\varepsilon_L = \beta_1 + \beta_5 \ln L + \beta_9 \ln F + \beta_{10} \ln M + \beta_{11} \ln S + \beta_{17} t$$
$$\varepsilon_F = \beta_2 + \beta_6 \ln F + \beta_9 \ln L + \beta_{12} \ln M + \beta_{13} \ln S + \beta_{18} t$$
$$\varepsilon_M = \beta_3 + \beta_7 \ln M + \beta_{10} \ln L + \beta_{12} \ln F + \beta_{14} \ln S + \beta_{19} t$$
$$\varepsilon_S = \beta_4 + \beta_8 \ln S + \beta_{11} \ln L + \beta_{13} \ln F + \beta_{14} \ln M + \beta_{20} t \tag{5}$$

技术进步偏向指数$I_j>0$，表示是偏向使用要素j型技术，越大代表增强使用程度越大；$I_j<0$，表示偏向节约要素j型技术，越小代表深度节约程度越大。

4 数据说明与假设检验

4.1 变量选择与数据来源

本文对1998—2017年中国13个粳稻主产省份的面板数据进行实证分析，所有数据以1998年为基期。13个粳稻主产省份包括河北、内蒙古、辽宁、吉林、黑龙江、江苏、浙江、安徽、山东、河南、湖北、云南、宁夏。各省粳稻单产产量（kg/亩）、用工量（工日/亩）、化肥折纯量（kg/亩）、机械作业费用（元/亩）、种子用量（kg/亩）可直接从《中国农产品成本收益资料》中查询获得。机械作业费用通过《中国统计年鉴》中对应省份的农业生产资料价格指数调整成以1998年为基期的实际值。

为了不损失更多数据信息，本文对于缺失的数据采取以下插补方法：第一，指标缺失1年的数据采用该年前后一年相应指标数据的线性推算得到。第二，指标缺失2~3年的数据利用其他年份算得的平均增长率估算得到。

4.2 模型检验及估计

采用式（1）是否合理需要进行以下4项检验：

（1）H_0：$\gamma=\mu=\eta=0$。若拒绝原假设，说明模型设定合理；若不拒绝原假设，不应采用随机前沿模型。

（2）H_0：$\beta_5=\beta_6=\beta_7=\cdots\cdots=\beta_{19}=\beta_{20}=0$。若拒绝原假设，则应采用超越对数生产函数；反之，采用C-D函数。

（3）H_0：$\beta_{15}=\beta_{16}=\beta_{17}=\beta_{18}=\beta_{19}=\beta_{20}=0$。若拒绝原假设，则存在技术进步。

（4）H_0：$\beta_{17}=\beta_{18}=\beta_{19}=\beta_{20}=0$。若拒绝原假设，则存在希克斯技术非中性，即技术进步与要素投入相关。

对上述4项检验都采取广义似然比（LR）检验，统计量形式为：$LR=-2(L_0-L_1)$，L_0和L_1分别代表原假设和备择假设的对数似然函数值。LR统计量服从混合卡方分布，即$\chi^2_\alpha(m)$，α是显0著性水平，m是限制条件数量。若LR统计量的值大于临界值，则以α显著性水平拒绝原假设，反之不拒绝原假设。

表 1　模型设定识别检验结果

序号	原假设	最大似然值	LR 统计量	检验结果
1	$\gamma=\mu=\eta=0$	333.243 3	025.291 3 ***	拒绝
2	$\beta_5=\beta_6=\beta_7=\cdots\cdots=\beta_{19}=\beta_{20}=0$	304.181 2	58.124 2 ***	拒绝
3	$\beta_{15}=\beta_{16}=\beta_{17}=\beta_{18}=\beta_{19}=\beta_{20}=0$	314.674 3	37.138 0 ***	拒绝
4	$\beta_{17}=\beta_{18}=\beta_{19}=\beta_{20}=0$	327.799 1	10.888 4 **	拒绝

注：*** 、** 分别表示 1%、5% 的显著性水平

　　表 1 中第 1 项的检验结果说明采用随机前沿模型是合理的，第 2 项说明中国粳稻生产函数符合超越对数生产函数，第 3、第 4 项的检验结果显示中国粳稻生产存在偏向性技术进步。由此得出设定超越对数前沿生产函数模型合理，进而利用 Frontier 4.1 软件估计结果如表 2 所示。

表 2　粳稻超越对数随机前沿生产函数估计结果及显著性

解释变量	参数	粳稻估计值	解释变量	参数	粳稻估计值
常数	β_0	12.089 1 ***	lnms	β_{14}	−0.015 1
ln$l$	β_1	−1.535 9 ***	t	β_{15}	−0.008 1
ln$f$	β_2	−2.370 2 **	t^2	β_{16}	0.001 6 ***
ln$m$	β_3	−0.029 7	$t$ln$l$	β_{17}	0.000 5
ln$s$	β_4	−0.821 2 **	$t$ln$f$	β_{18}	0.000 1
lnll	β_5	−0.081 8	$t$ln$m$	β_{19}	−0.002 8
lnff	β_6	−0.023 9	$t$ln$s$	β_{20}	0.010 8 ***
lnmm	β_7	−0.248 7	σ^2		0.012 4
lnss	β_8	−0.071 3	γ		0.683 5 ***
lnlf	β_9	0.091 2	μ		0.087 5
lnlm	β_{10}	0.177 5	η		−0.018 5
lnls	β_{11}	0.273 3 ***	LR 单边检验		25.291 3 ***
lnfm	β_{12}	0.382 8 *	样本数量		260
lnfs	β_{13}	0.085 6	截面数量		13

注：*** 、** 和 * 分别表示 1%、5% 和 10% 的显著性水平

　　从表 2 的估计结果可知粳稻的 LR 单边检验绝对显著，说明 γ、μ、η 不全为 0。γ 统计显著，说明在样本条件下，粳稻生产存在效率损失，复合扰动项中 68.35% 可被它解释。值得注意的是，虽然 γ 统计显著，但相对应的 η 没有通过检验，说明时间变化不是粳稻技术效率损失的主要原因，可能由农民受教育水平、自然灾害、基础设施条件或政府政策等非时间因素所导致的（卓

乐等，2018）。粳稻生产技术效率损失的影响因素非本文研究重点，因此未深入讨论。从时间 t 的系数 β_{15} 和 β_{16} 的估计结果可以看出，t 的一次项系数统计不显著，符号为负；二次项系数统计显著，趋近于 0，说明粳稻中性技术进步增长速度在减缓。

5 测算结果与分析讨论

5.1 中国粳稻技术进步率分解及其实现路径分析

根据式（1）、式（2）和表 1 的估算结果，本文测算了 1998—2017 年间中国 13 个粳稻主要生产省份的狭义技术进步率、技术效率变化率和广义技术进步率。全国层面的年均技术进步率由各省份技术进步率算术平均值来衡量。结果如表 3 所示。

从技术进步率分解结果看（表 3），中国粳稻技术进步率变化趋势比较平稳，呈现以下几方面的特征：第一，1998—2001 年，粳稻中性技术进步率一直为负值，2003 年突破 0 值，开始正向增长，2004 年后平均增长速率为 24%，但增长速率有放缓的趋势。第二，偏向性技术进步率 2004 年之前高于中性技术进步率，2007 年偏向性技术进步率降至 0.0021，2007 年之后在 0.0028 处上下波动。第三，整个样本期间，粳稻的技术效率处于较高水平，平均为 90.88%，技术效率随时间而损失的现象不明显。第四，由于技术效率变化较平稳，因此狭义技术进步率（平均 0.0122）和广义技术进步率（平均 0.011）的缓慢上升趋势一致。

表 3　1998—2017 年中国粳稻技术进步率及其分解

年份	中性技术进步率	偏性技术进步率	狭义技术进步率	技术效率	技术效率变化率	广义技术进步率
1998	−0.006 5	0.005 4	−0.001 1	0.923 0	—	—
1999	−0.004 9	0.005 3	0.000 4	0.921 7	−0.001 5	−0.001 1
2000	−0.003 3	0.004 3	0.001 0	0.920 3	−0.001 5	−0.000 5
2001	−0.001 7	0.004 8	0.003 1	0.918 9	−0.001 6	0.001 6
2002	−0.000 1	0.004 8	0.004 7	0.917 5	−0.001 6	0.003 1
2003	0.001 5	0.004 4	0.005 9	0.916 0	−0.001 6	0.004 3
2004	0.003 1	0.003 5	0.006 6	0.914 5	−0.001 7	0.004 9
2005	0.004 7	0.003 3	0.008 0	0.913 0	−0.001 7	0.006 3
2006	0.006 5	0.002 9	0.009 2	0.911 5	−0.001 7	0.007 5

（续表）

年份	中性技术 进步率	偏性技术 进步率	狭义技术 进步率	技术效率	技术效率 变化率	广义技术 进步率
2007	0.007 9	0.002 1	0.010 0	0.910 0	-0.001 8	0.008 2
2008	0.009 5	0.003 3	0.012 8	0.908 4	-0.001 8	0.011 0
2009	0.011 1	0.003 4	0.014 5	0.906 8	-0.001 8	0.012 7
2010	0.012 7	0.003 7	0.016 4	0.905 2	-0.001 9	0.014 5
2011	0.014 3	0.002 3	0.016 6	0.903 5	-0.001 9	0.014 7
2012	0.015 9	0.002 2	0.018 1	0.901 8	-0.001 9	0.016 2
2013	0.017 5	0.003 0	0.020 5	0.900 1	-0.002 0	0.018 6
2014	0.019 1	0.002 6	0.021 7	0.898 4	-0.002 0	0.019 7
2015	0.020 7	0.002 0	0.022 7	0.896 6	-0.002 0	0.020 6
2016	0.022 3	0.002 5	0.024 8	0.894 8	-0.002 1	0.022 8
2017	0.023 9	0.003 0	0.026 9	0.893 0	-0.002 1	0.024 8
平均	0.008 7	0.003 4	0.012 2	0.908 8	-0.001 8	0.011 0

　　从粳稻生产技术进步的空间分布来看（表4），狭义技术进步较快的省份是宁夏（0.026 1）、安徽（0.012 2）、山东（0.012），而吉林省是狭义技术进步率最低，仅为0.005 8。从区域层面看，西部地区的狭义进步率较高，均值达到0.016；其次是中部地区0.011 2；东部地区的狭义技术进步较小，为0.010 8。这与中西部地区偏向性技术进步率相对较高有直接关系。从技术效率的区域分布状况来看，各省技术利用效率较高，平均达到90.88%，但由于中部地区5个省份都未达到平均值导致广义技术进步率低于东部地区。

　　通过上述分析可以发现，中国粳稻技术进步实现路径有以下几个特征：第一，在过去的20年间，中国粳稻生产的持续进步主要来源于中性技术进步的贡献。第二，粳稻偏向性技术进步的波动性较强，但是大多数省的偏性技术进步率为正值，说明粳稻偏向性技术进步对该地区的技术进步起到了促进作用。第三，粳稻的技术效率已达较高水平，上升空间有限。可见，中国粳稻的生产技术进步不是技术利用效率不够造成的，而是粳稻偏性技术进步不足造成的。提高粳稻技术进步的途径：一是提高中性技术进步率，但这需要整个社会的技术进步做支撑，单从产业内部提升某一粮食作物的中性技术难度较大；二是进一步提升要素偏向性技术进步率。当前粳稻偏向性技术进步率相对较低，有很大的上升空间，因此针对粳稻某种生产要素的偏向性技术突破会更加明显地促进技术进步。

表4　1998—2017年中国粳稻省级层面技术进步率及其分解

区域	省份	偏性技术进步率	狭义技术进步率	技术效率	技术效率变化率	广义技术进步率
东部地区	辽宁	−0.000 1	0.008 6	0.946 8	−0.001 0	0.008 4
	山东	0.004 3	0.013 0	0.921 6	−0.001 5	0.012 0
	江苏	0.002 5	0.011 2	0.962 9	−0.000 7	0.011 2
	浙江	0.001 0	0.009 7	0.865 7	−0.002 7	0.007 6
	河北	0.002 5	0.011 2	0.986 5	−0.000 3	0.011 8
	平均值	0.002 0	0.010 7	0.936 7	−0.001 2	0.010 2
中部地区	吉林	−0.001 3	0.007 4	0.882 5	−0.002 3	0.005 8
	黑龙江	0.003 4	0.012 1	0.861 8	−0.002 8	0.010 1
	安徽	0.005 5	0.014 2	0.861 9	−0.002 8	0.012 2
	湖北	0.004 1	0.012 8	0.797 0	−0.004 2	0.009 1
	河南	0.000 9	0.009 6	0.884 5	−0.002 3	0.008 0
	平均值	0.002 5	0.011 2	0.857 5	−0.002 9	0.009 0
西部地区	内蒙古	0.000 6	0.009 3	0.921 0	−0.001 5	0.008 9
	宁夏	0.017 7	0.026 4	0.942 8	−0.001 1	0.026 1
	云南	0.003 6	0.012 3	0.978 9	−0.000 4	0.012 3
	平均值	0.007 3	0.016 0	0.947 6	−0.001 0	0.015 8

　　综上可知，中国粳稻要素偏向性技术进步是促进其全要素生产率提高的关键点，对粳稻进行技术进步偏向性及其时空异质性的深入研究有着重要的现实意义。接下来，本文会从时间演进和空间布局两个角度用技术偏向指数（Bias）判别中国粳稻生产中技术进步偏向的要素类型以及技术偏向性特征。

5.2　粳稻技术进步偏向性时序演进特征

　　本文根据式（4）、式（5）计算了中国粳稻要素技术偏向指数，并以此分析判定中国粳稻生产的技术进步方向规律。表5列出了4个要素的平均偏向指数及其排序。从偏向指数的符号来看，4种要素的偏向性技术对粳稻的边际产量的作用多是负相关，其中节约种子用量的技术负向偏向的作用更加明显也更加集中，主要出现在2003—2013年。化肥投入和机械投入技术在2006—2014年也表现出比较明显的负向作用，说明中国粳稻生产整体表现为节约型技术的特征。这一特征符合中国农业生产节本增效的现状。从偏向指数均值来看，机械（0.0509）、化肥（0.0028）和劳动（0.228）都是实用型偏向技术进步，而种子的技术偏向比率为−0.0896，是节约型技术进步，说明中国粳稻的技术创新更加关注培育节水抗旱、优质高产的绿色品种。从偏向指数的排序来看，1998—2017 年劳动偏向性技术占据第 1 名的次数较多，化肥和机械技术偏向指数多排在第 2 名和第 3 名，种子的偏向指数通常位居第 4 名，说明科技含量高的机械投入替代了更多原有落后的机械设备，粳稻生产对劳动力素质的要求将会越来越高，另外，消费者对粳稻品质的要求和农户对绿色生产意识的增强将促进化肥节约技术的发展以及对优良品种需求的增加。

表 5　1998—2017 年中国粳稻要素技术偏向指数及排序

年份	要素技术偏向指数				技术偏向排序			
	劳动 L	化肥 F	机械 M	种子 S	1	2	3	4
1998	0.001 1	0.000 0	0.004 6	0.345 3	+S	+M	+L	+F
1999	0.018 3	−0.000 3	−0.013 9	−0.122 6	+L	−F	−M	−S
2000	−0.001 7	−0.000 3	−0.050 3	−0.217 2	−F	−L	−M	−S
2001	−0.000 1	0.000 2	−0.012 3	0.019 5	+S	+F	−L	−M
2002	0.498 5	0.001 6	−0.014 7	0.007 3	+L	+S	+F	−M
2003	−0.005 0	−0.002 0	0.209 0	−0.136 8	+M	−F	−L	−S
2004	−0.005 6	−0.000 6	−0.016 8	−0.011 8	−F	−L	−S	−M
2005	−0.006 8	0.000 0	0.923 1	−0.070 3	+M	+F	−L	−S
2006	−0.003 6	0.001 5	−0.041 7	−0.110 1	+F	−L	−M	−S
2007	0.010 2	−0.000 2	−0.035 4	−0.159 7	+L	−F	−M	−S
2008	−0.001 6	−0.011 1	−0.007 8	−0.267 2	−L	−M	−F	−S
2009	−0.071 9	−0.000 6	−0.005 1	−0.123 6	−F	−M	−L	−S
2010	0.001 5	−0.002 3	−0.001 4	−0.023 4	+L	−M	−F	−S
2011	0.004 0	−0.007 2	−0.005 2	−0.105 9	+L	−M	−F	−S
2012	−0.001 6	−0.009 2	0.030 9	−0.067 6	+M	−L	−F	−S
2013	0.000 4	−0.003 3	−0.006 8	−0.137 9	+L	−F	−M	−S
2014	−0.004 4	−0.000 8	−0.022 6	0.332 2	+S	−F	−L	−M
2015	0.003 1	0.000 7	0.031 8	0.014 7	+M	+S	+L	+F
2016	0.002 4	−0.014 1	0.018 2	−0.096 2	+M	+L	−F	−S
2017	0.017 8	0.103 8	0.034 2	−0.859 5	+F	+M	+L	−S

1998—2017 年中国粳稻进步偏向性时序演进的主要特征是：单一增强使用要素型技术和深度节约要素型技术交替出现。单一增强使用要素型技术是增强某种要素使用、节约其他 3 种要素投入的技术；深度节约要素型技术是指 4 种要素都采取节约型技术或是节约一种要素技术的同时其他要素技术都为增强使用。1999—2004 年两种技术类型的交替出现比较频繁。2005—2007

年为单一要素技术增强使用阶段，主要是节约种子技术，2008—2009 年偏向要素深度节约型技术，4 种要素都为负值，主要是深度节约种子技术。2010—2014 年是单一增强要素使用型技术，这一时期最明显特征就是一直偏向节约化肥的技术。2015 年之后技术偏向类型有不一样的表现，最明显的特征是劳动技术和机械技术都表现为增强使用。2014 年李克强总理在夏季达沃斯论坛上首次提出"大众创业、万众创新"，2015 年中央一号文件也明确提出"强化农业科技创新驱动的作用"，并强调应"加快农业科技创新，在生物育种、智能农业、农机装备、生态环保等领域取得重大突破。"这些都促使 2015 年中国粳稻生产偏向增强使用要素技术。通过上述分析预测中国粳稻将偏向加强使用机械技术和深度节约种子技术并行。

5.3　要素偏向性技术进步的时空异质性特征

根据要素投入结构特征以及测算的各省份技术进步偏向指数，表 6 列出不同年份各省粳稻技术进步偏向的第一要素以及负号的频次，进而分析了中国粳稻生产省级层面要素偏向性技术进步的时空演进特征。

表 6　1998—2017 年中国粳稻技术进步偏向指数省级层面时序演进特征

年份	吉林		黑龙江		辽宁		山东		江苏		安徽		浙江		湖北		河南		河北		内蒙古		宁夏		云南	
	偏向	负号	偏向	负号	偏向	负号	偏向	负号	偏向	负号	偏向	负号	偏向	负号	偏向	负号	偏向	负号	偏向	负号	偏向	负号	偏向	负号	偏向	负号
1998	-S	4	+M	3	+F	3	+S	1	+L	2	-S	4	-S	4	+L	3	+S	2	+L	2	+S	2	+S	1	+F	2
1999	-S	4	-M	4	+F	3	+S	1	+L	2	-S	4	-S	4	+L	3	+S	3	+S	2	+S	2	+L	2	+L	1
2000	-S	4	-S	4	+F	3	+S	1	+F	3	-S	4	-S	4	+L	3	+S	3	+S	2	+S	2	+L	2	+S	2
2001	-S	4	-S	3	+F	3	+S	1					-S	4			+S	2	+S	2	+S	2			+S	2
2002	-S	4	-S	4	+L	2	+S	1			-S	4					-S	4	+S	2	+S	2			+S	2
2003	-S	4	+M	3	+F	3	+S	1	+F	3			-S	4			-S	4	+S	1	-S	2	+S	1	+S	2
2004	-S	4	-S	4	+F	3	+S	1			-S	3					+S	2					+S	2
2005	+M	4	+M	3	+F	3	+S	1	+L	2					+S	2			+S	2
2006	-S	4	+M	3	+F	3	+L	2	+L	2	+F	3			+S	2			+F	2	+S	1	+S	1
2007	-S	4	+M	3	+F	3	+S	1	+L	2					+S	1	+L	2	+S	2
2008	-S	4	+M	2	-S	4	+L	2	+L	2	+M	3			+S	2			-S	4	+L	2	+S	2
2009	-S	4	+M	2	+S	1	+L	2	+L	2	+M	3			+S	2			+L	3	+L	2	+S	2
2010	-S	4	+M	2	+S	1	+S	1	+L	2	+M	2					+M	1	+L	2	+S	2
2011	-S	4	+L	2	+M	2	+S	1	+L	2	+M	2			+S	2			+L	2	+S	2
2012	-S	4	+M	2	+L	2	+L	2	+L	2	+M	2			+S	2			+L	2	+S	2
2013	+F	3	+M	2	-S	3	+S	1	+L	2	+F	2	+M	2	-S	4	+S	3	+S	1	+M	1	+L	2	+S	2

（续表）

年份	吉林		黑龙江		辽宁		山东		江苏		安徽		浙江		湖北		河南		河北		内蒙古		宁夏		云南	
	偏向	负号	偏向	负号	偏向	负号	偏向	负号	偏向	负号	偏向	负号	偏向	负号	偏向	负号	偏向	负号	偏向	负号	偏向	负号	偏向	负号	偏向	负号
2014	+F	3	+M	2	−S	4	+S	1	+L	2	+L	3	+M	2	+S	3	+S	2	+S	1	+M	1	+L	2	+S	2
2015	+M	2	+M	2	−S	3	+S	1	+L	2	+L	3	+M	2	+S	3	+S	3	+S	1	+M	1	+L	2	+S	2
2016	+M	2	+M	2	−S	4	+S	1	+L	2	+L	3	+M	2	+S	3	−S	4	+S	1	+M	1	+L	2	+S	2
2017	+M	2	+M	2	+L	2	+L	2	+L	2	+M	1	+M	1	+L	2	+S	1	+L	2	+M	1	+L	2	+S	2

省级层面粳稻生产的技术进步偏向性同样存在明显的时序传递性特征。1998—2017 年，13 个粳稻生产省份技术进步偏向的第一要素通常只在 1~2 种要素间变化，很少有 4 种要素平分秋色的状态。在土地资源稀缺情况下，大部分省份偏向种子（使用或节约）技术来提升粳稻的边际单产，但同时也有明显的异质性：首先，明显不同的单一要素偏向性技术进步。山东、河南、河北和云南四省呈现出明显的偏向增强使用种子型技术进步。湖北省与之相反，偏向节约种子型技术进步。同为南方省份的云南和湖北种子技术的偏向类型截然相反，原因可能是粳稻育种技术的研发和推广阶段不同。湖北省在2012 年"籼改粳"工程之前采用常规粳稻，在此之后研究的重点是选好的品种代替产量潜力较低的常规粳稻，云南省虽然地形和气候条件复杂，但通过几十年研究，育成"红帽缨"，开创了杂交粳稻的历史，其中，滇型杂交粳稻在贵州、四川和湖南等地大力推广（花劲等，2014）。黑龙江呈现出增强使用机械技术。李辛一等（2015）研究发现人工成本快速上升是中国粳稻生产总成本持续上涨的核心驱动力，因此各省份应对人工成本上升的技术对策可能与地形不同的耕作方式有关。黑龙江和吉林地形多为平原，因此用农业机械代替劳动，云南、宁夏地形复杂，有较多山地，因此偏向使用种子技术代替劳动投入。其次，偏向性技术进步具有阶段性特征。吉林、安徽和浙江省前期都呈现偏向节约种子型技术，后期表现各不相同：吉林省偏向增强使用化肥和机械技术，安徽省偏向增强使用劳动和机械技术，浙江省偏向增强使用机械技术。内蒙古和宁夏前期偏向增强使用种子技术，后期分别偏向机械技术和劳动技术。辽宁省前期偏向增强使用化肥技术，后期偏向节约种子技术。主要原因是由于要素相对价格变化诱致各省技术偏向的改变，也可能是由于农业现代化的要求促使粳稻生产越来越偏向绿色技术。从负号出现的频次来看，吉林省、辽宁省和湖北省 20 年间主要采取的是节约要素型技术，河北省和山东省出现的负号较少，主要是靠使用劳动、化肥和种子技术节约机械的投入，其他省份主要偏向加强使用 1~2 种要素技术节约其他要素。综上

可知，中国各省份在节约种子投入量和加大优良品种的培育等方面偏向性更强，原因是地域辽阔，自然条件各异，同一品种在各地区表现不同。如2012年湖北省在实施"籼改粳"工程时，从多地引种220多个进行筛选种植，但由于生态环境因素，粳稻的产量和品质差异性都较大（汪本福等，2018）。因此因地制宜针对不同气候和资源条件进行育种技术的研发非常必要。

从不同地区平均偏向指数来看（表7），东中西部地区粳稻生产技术偏向性各有不同，这与魏金义（2016）的研究结果一致。东部地区最明显的技术偏向性是种子技术的深度节约和劳动技术的加强使用；中部地区是机械技术的加强使用和种子技术的深度节约；西部地区种子加强使用技术明显，其他3种要素的技术偏向指数趋近于0。

表7 1998—2017年不同地区粳稻技术进步偏向指数

区域	L 偏向指数	F 偏向指数	M 偏向指数	S 偏向指数
东部地区	0.060 4	0.010 0	−0.009 6	−0.192 9
中部地区	−0.001 5	−0.001 5	0.140 8	−0.116 4
西部地区	0.000 4	−0.002 0	0.002 0	0.127 4

6 结论与政策建议

本文以1998—2017年中国粳稻生产的13个省份数据为样本，在随机前沿分析框架下，运用超越对数生产函数分解测算了粳稻生产技术进步率，并系统分析粳稻技术进步的实现路径。本文还在技术进步偏向视角下对粳稻技术进步方向的时空演进特征进行深入研究，最终得出以下主要结论：①技术进步测算的结果及分解。从时间维度看，中国粳稻平均广义技术进步率为1.1%，狭义技术进步率为1.22%，其中中性技术进步率0.87%、偏性技术进步率0.34%，技术效率随时间变化损失不明显，维持在0.18%的速率变化。从空间维度看，西部地区狭义进步率较高，平均达到0.016；各省粳稻生产的技术效率都较高，均值为90.88%。②技术进步实现路径：在过去的近20年间，粳稻技术效率达较高水平，相对于中性技术进步率，偏性技术进步率较低，因此中国粳稻技术进步的潜能主要来自偏向性技术进步。要素偏向型技术进步时序演进特征为单一要素增强使用型技术和要素深度节约型技术交替出现。中国粳稻技术进步未来会偏向加强使用机械型技术和深度节约种子型技术。③要素偏向型技术进步空间特征，总体上，各省份表现出对种子（使用或节约）技术的青睐，但是仍存在一些技术偏向异质性和阶段性的特征。

基于上述研究结果，本文提出以下政策建议：第一，随着农业机械化和现代化的推进，加强新型职业农民的培训更加重要。根据 1982 年、1990 年、2000 年和 2010 年中国人口普查数据，农业劳动人口分别为 3.8 亿人、4.6 亿人、4.3 亿人和 3.3 亿人，农业劳动力占总劳动人口比重明显下降，女性农业劳动力和年龄大的劳动力比重不断提高，农业劳动力主体小学和初中毕业的人口占 87.7%〔中国农业展望报告（2019—2028）〕。这明显影响新品种、新技术的推广，因此加大对新型职业农民的培训是推进粳稻生产机械化和现代化的首要条件。第二，大力研发和推广节本提质增效的绿色技术。随着国内外粮食格局的变化和中国城乡居民收入水平的提高，粮食安全的含义也从"量"的需求发展到"质"的需求。化肥、农药的过度使用导致土壤板结、水土污染严重，严重影响粮食质量安全（王济民等，2018）。虽然 2015 年农业部制定了化肥使用量零增长的行动方案，但是粳稻化肥施用量仍在增加，2017 年化肥施用量达到 28.09kg/亩（折纯量），比 2015 年增长 2.18%。因此，培育和推广优良品种是提高粳稻绿色单产的重要途径（李宏久，2014），尤其是加快培育绿色性状突出的品种，实现少施化肥、少打农药和节水抗旱。开发绿色高效的生产模式，如采取稻鱼综合种养，利用信息化、智能化装备实现精准田间作业，减少资源浪费、减少效率损失。第三，加强政策的导向作用，促进粳稻绿色技术落地推广。2004 年实施粮食最低收购价，2006 年废除农业税，2008 年启动临时收储政策，这些政策都激发了农民生产的热情，使粳稻技术进步速度进一步提升，说明政策的导向性对农业技术进步有极大推进作用。新时期，国家可采取经济激励手段、推行绿色认证、标识和规范农业生产等措施引导农民积极采用新技术、新品种，减少化肥农药的使用。

参考文献

陈苏，张利国，2013. 鄱阳湖生态经济区粮食全要素生产率研究——基于 25 个县（市）面板数据的 DEA 分析〔J〕. 鄱阳湖学刊（6）：81-86.

邓灿辉，马巧云，范小杰，2018. 河南省粮食全要素生产率的时空演变规律〔J〕. 贵州农业科学，46（9）：155-159.

封永刚，2018. 中国农业经济增长动能的分解与转换历程〔D〕. 重庆：西南大学.

付明辉，祁春节，2016. 要素禀赋、技术进步偏向与农业全要素生产率增长——基于28 个国家的比较分析〔J〕. 中国农村经济（12）：76-90.

胡瑞法，黄季焜，2001. 农业生产投入要素结构变化与农业技术发展方向〔J〕. 中国农村观察（6）：6-16.

花劲，周年兵，张洪程，等，2014. 南方粳稻生产与发展研究及对策〔J〕. 中国稻米，20（1）：5-11.

黄季焜，Scott Rozelle，1993. 技术进步和农业生产发展的原动力——水稻生产力增长的分析〔J〕. 农业技术经济（6）：21-29.

黄季焜，罗斯高，1996. 中国水稻的生产潜力、消费与贸易 [J]. 中国农村经济（4）：21-27.

黄晓凤，陈永康，2018. 中国农业能源偏向型技术创新测度及结构优化研究 [J]. 湖南大学学报（社会科学版），32（1）：100-107.

李宏久，2014. 黑龙江省粳稻生产增长潜力探析 [J]. 黑龙江粮食（1）：24-25.

李首涵，2015. 中国玉米生产技术效率、技术进步与要素替代——基于超对数随机前沿生产函数的分析 [J]. 科技与经济，28（6）：52-57.

李辛一，朱满德，2015. 中国粳稻生产成本收益变动特征及其源起——自 2004—2013 年的数据观察 [J]. 价格月刊（8）：15-18.

刘颖，金雅，王嫚嫚，2016. 不同经营规模下稻农生产技术效率分析——以江汉平原为例 [J]. 华中农业大学学报（社会科学版）（4）：15-21.

刘岳平，钟世川，2016. 技术进步方向、资本-劳动替代弹性对中国农业经济增长的影响 [J]. 财经论丛（9）：3-9.

陆泉志，陆桂军，范稚莲，等，2018. 广西粮食全要素生产率时空差异及收敛性分析 [J]. 南方农业学报，49（9）：1887-1893.

农业农村部市场预警专家委员会，2019. 中国农业展望报告（2019—2028）[M]. 北京：中国农业科学技术出版社.

潘文卿，吴天颖，胡晓，2017. 中国技术进步方向的空间扩散效应 [J]. 中国工业经济（4）：17-33.

彭代彦，文乐，2016. 农村劳动力老龄化、女性化降低了粮食生产效率吗——基于随机前沿的南北方比较分析 [J]. 农业技术经济（2）：32-44.

孙昊，2014. 小麦生产技术效率的随机前沿分析——基于超越对数生产函数 [J]. 农业技术经济（1）：42-48.

陶爱萍，周泰云，王炽鹏，2018. 技能劳动、技术进步偏向与技能溢价 [J]. 中国科技论坛（1）：132-142.

汪本福，张枝盛，李阳，等，2018. 新形势下湖北粳稻发展现状、存在问题及发展思路 [J]. 中国稻米，24（5）：93-95.

王济民，张灵静，欧阳儒彬，2018. 改革开放四十年我国粮食安全：成就、问题及建议 [J]. 农业经济问题（12）：14-18.

王林辉，袁礼，2018. 有偏型技术进步、产业结构变迁和中国要素收入分配格局 [J]. 经济研究，53（11）：115-131.

王雅俊，王书斌，2011. 广东省农业技术偏向与劳动力调整的定向分析 [J]. 中国人口·资源与环境，21（1）：115-120.

魏金义，2016. 要素禀赋变化、技术进步偏向与农业经济增长研究 [D]. 武汉：华中农业大学.

吴丽丽，李谷成，周晓时，2016. 中国粮食生产要素之间的替代关系研究——基于劳动力成本上升的背景 [J]. 中南财经政法大学学报（2）：140-148.

杨海钰，马兴栋，邵砾群，2018. 区域要素禀赋变化与农业技术变迁路径差异——基

于苹果产业视角和 7 个主产省的数据 [J]. 湖南农业大学学报（社会科学版），19
（2）：16-22.

杨万江，李琪，2016. 我国农户水稻生产技术效率分析——基于 11 省 761 户调查数据
[J]. 农业技术经济（1）：71-81.

尹朝静，付明辉，李谷成，2018. 技术进步偏向、要素配置偏向与农业全要素生产率
增长 [J]. 华中科技大学学报（社会科学版），32（5）：50-59.

赵芝俊，袁开智，2009. 中国农业技术进步贡献率测算及分解：1985—2005 [J]. 农
业经济问题（3）：28-36.

卓乐，曾福生，2018. 农村基础设施对粮食全要素生产率的影响 [J]. 农业技术经济
（11）：92-101.

ACEMOGLU D, 2002. Directed Technical Change [J]. The Review of Economic Studies,
69（4）：781-809.

ACEMOGLU D, 2003. Labor- and Capital-Augmenting Technical Change [J]. Journal of the
European Economic Association, 1（1）：1-37.

ACEMOGLU D, 1998. Why Do New Technologies Complement Skills Directed Technical
Change and Wage Inequality [J]. The Quarterly Journal of Economics, 113（4）：
1055-1089.

BATTESE G E, COELLI T J, 1995. A Model for Technical Inefficiency Effects in a
Stochastic Frontier Production Function for Panel Data [J]. Empirical Economics, 20
（2）：325-332.

BATTESE G E, COELLI T J, 1992. Frontier Production Functions Technical Efficiency and
Panel Data：With Application to Paddy Farmers in India [J]. Journal of Productivity A-
nalysis（3）：153-169.

BERNDT E R, 1976. Reconciling Alternative Estimates of the Elasticity of Substitution
[J]. The Review of Economics and Statistics, 58（1）：59-68.

BLANCHARD O J, NORDHAUS W D, PHELPS, E S, 1997. The Medium Run [J].
Brookings Papers On Economic Activity, 28（2）：89-158.

DAVID H, AUTOR L F, KATZ A B, et al., 1998. Computing Inequality：Have Computers
Changed the Labor Market [J]. The Quarterly Journal of Economics, 113：1169-1213.

FELLNER W, 1961. Two Propositions in the Theory of Induced Innovations [J]. Economic
Society, 71（282）：305-308.

HAYAMI Y R V W, 1971. Agricultural Development：An International Perspective
[M]. Baltimore：The Johns Hopkins University Press.

KALDOR N, 1961. Increasing Returns and Technical Progress：A Comment on Professor
Hicks's Article [J]. Oxford Economic Papers, 13（1）：1-4.

KENNEDY C, 1964. Bias in Innovation and the Theory of Distribution [J]. The Economic
Journal, 74（295）：541-547.

KHANNA N, 2001. Analyzing the Economic Cost of the KyotoProtocol [J]. Empirical Economics, 38（1）：59-69.

LIN J Y, 1992. Hybrid Rice Innovation in China：A Study of Market-Demand Induced Tech-
nological Innovation in a Centrally-Planned Economy［J］. The Review of Economics and
Statistics, 74（1）：14-20.

SAMUELSON P A, 1965. A Theory of Induced Innovation along Kennedy-Weisäcker Lines
［J］. The Review of Economics and Statistics, 47（4）：343-356.

SOLOW R M, 1957. Technical Change and the Aggregate Production Function ［J］. The Re-
view of Economics and Statistics, 39（3）：312-320.

Realizing Path and Temporal-spatial Evolution on Technical Progress of China's Japonica Rice under the Perspective of Biased Technical Progress

Luo Hui, Zhao Zhijun

Abstract：Japonica rice undertakes the important responsibility of food security
and social stability in China. However, few studies have focused on the Japonica
rice technical progress path of japonica rice from the perspective of the biased techni-
cal progress. Based on the stochastic frontier analysis framework, this paper
estimates the technical progress rate and technical biased index of japonica rice in
China's 13 provinces from 1998 to 2017, and analyses the path and temporal-spa-
tial characteristics on technical progress. The results indicate that the technical pro-
gress rate of Japonica rice is 1.1%, which potentially depends on the biased techni-
cal progress. The technical progress has a significant provincial spatial heterogeneity
and periodic characteristics. Based on the above results, this paper proposes to de-
velop green technology, strengthen the policy-oriented role, and further
promote the precision service of technology by the modern information technology
and management means.

Keywords：Japonica rice production；Biased technical progress；Technical
progress rate；Stochastic frontier analysis

后记

本文是与 2018 级博士生罗慧在其博士论文核心内容的基础上浓缩加工而
成的一篇学术论文，发表在《农业技术经济》杂志 2020 年第 3 期。本论文的价值和创新之处在于利用 1998—2017 年中国 13 个粳稻主产省面板数据，并通过采用超越对数随机前沿函数模型对中国粳稻技术进步率进行测算和分解，深入探究了要素技术进步偏向指数对全国及各省份的技术进步方向的时空影响，对于全面深入把握我国粳稻技术进步的特点和更好地促进其技术进步具有重要的理论和现实意义。

要素错配对中国粮食全要素生产率的影响[*]

罗　慧，赵芝俊，钱加荣[**]

摘　要：基于超越对数生产函数的随机前沿模型对2000—2017年中国水稻、小麦和玉米等三类粮食作物 TFP 进行测算，并在构建要素错配指数的基础上，对单位规模土地上投入的劳动、机械、化肥和种子等 4 种要素错配对粮食作物实际 TFP 增长率的影响进行时空差异分析。研究结果显示，2000—2017 年粮食作物的实际 TFP 增长率平均为 2.24%，有效 TFP 增长率约为0.73%；狭义技术进步对 TFP 增长的拉动作用在减弱，要素配置效率的优化对 TFP 的提升作用在增强；劳动投入过度比较突出，是引发粮食生产要素配置不优的主要原因；从空间区域来看，东部地区要素错配程度相对较低，西部地区相对较高；中部地区粮食作物的实际 TFP 增长率对要素错配的敏感度要强于东部和西部地区。

关键词：粮食；生产要素；要素错配；全要素生产率；技术进步

中国作为世界第一人口大国，以有限的耕地面积养活着 14 亿人口。大量的实证研究表明，这一奇迹的获得主要得益于制度放活、技术进步和农业农村投入的增加，尤其是粮食生产投入的增加，推动着农业资本深化加速（涂圣伟，2017），也推动着中国粮食生产要素配置趋于优化。但是，相较于非农产业或农业内部其他子产业而言，我国粮食生产的要素配置效率仍旧较低，导致生产技术与要素投入不匹配，全要素生产率脱离有效状态。由此可见，要素配置是否得当对深化粮食产业供给侧结构性改革，提高粮食有效供给，以及保障国家粮食安全有着重大的影响（Syrouin，1986）。搞清楚我国粮食生

---

　*　基金项目：中国农业科学院科技创新工程（编号：CAAS-ASTIP-2020-05、2021-05）、中国农业科学院联合攻关重大科研任务"新时期国家粮食安全战略研究"（编号：CAAS-ZDRW202012）、中国农业科学院基本科研业务费专项（161005201901-3-7，161005202002-1）。

　**　罗慧，中国农业科学院农业经济与发展研究所博士生；赵芝俊，中国农业科学院农业经济与发展研究所研究员、博士生导师，通讯作者；钱加荣，中国农业科学院农业经济与发展研究所副研究员、硕士生导师。

产中关键要素配置状况，尤其是对全要素生产率（TFP）增长率的影响，对新历史时期中国粮食产业的转型升级有着重要的作用。

1986 年 Syrquin 在 Solow 全要素生产率研究范式的基础上，对 TFP 增长率进行了分解并测算了部门间要素配置变化对 TFP 增长率的影响（Syrouin，1986；Solow，1957）。Hsieh 和 Klenow 在 Melitz 分析框架基础上，测算了中国和印度要素错配程度，提出消除要素错配可以不同程度提高全要素生产率（Hsieh and Klenow，2009；Melitz，2003）。自此以后，从要素错配视角研究国家（或地区）间经济发展差异成为备受关注的主题，也被认为是近十多年来经济增长理论的重要进展之一（沈春苗，2015）。

作为一个正处于转型期的发展中国家，中国的要素错配问题一直受到极大关注。研究内容主要集中在两个方面。第一，从产业层面考察要素错配对全要素生产率的影响。现有研究中主要涉及的产业有制造业（陈永伟和胡伟民，2011；龚关，胡关亮，2013；谢呈阳等，2014；王文等，2015；罗良文和张万里，2018；周新苗和钱欢欢，2017）、能源业（袁晓玲等，2016）、高新技术产业（张洁和唐洁，2019）、金融业和服务业（唐荣和顾乃华，2018）等，并得出相对一致的结论：纠正要素错配会有效提升各产业的全要素生产率。第二，深入探查不同要素的错配程度对全要素生产率的影响，主要是劳动、资本等要素错配对不同产业的影响，但是结论却不尽相同。有的学者认为劳动错配对服务业和传统制造业的影响较大（曹东坡和王树华，2014），而有的学者提出不同的看法，认为工业的资本错配变动效应最大，农业和其他服务业的劳动错配变动效应最大（张屹山和胡茜，2019）。从研究方法来看，研究主要沿着三条技术路线展开。一是先估算出全要素生产增长率，再将其进行分解进而刻画要素配置程度，代表性研究有 Brandt 等、聂辉华和贾瑞雪（2011）。Brandt 等沿此路线得出 1985—2007 年中国非农产业的劳动和资本错配导致 TFP 损失约 20%（Brandt et al.，2012）。聂辉华和贾瑞雪认为国有企业要素错配程度相对严重，且不同地区错配程度明显不同（聂辉华和贾瑞雪，2011）。二是构建要素错配与全要素生产率之间的数理模型，并以要素配置较优的部门或产业作为参照物（benchmark）来研究后进国家、地区或产业的要素错配对 TFP 的影响。在此方面 Hsieh 和 Klenow 的研究最具代表性。龚关和胡关亮、罗良文和张万里在 Hsieh 和 Klenow 模型的基础上对我国制造业的要素错配程度进行测算，发现要素错配对制造业全要素生产率具有负面影响。三是构建多部门的一般均衡模型衡量要素配置状况。De Melo 最先采用此方法对哥伦比亚的资源配置状况进行研究，其次是 Aoki 对不同国家的农业、运输和金融产业资源配置的测算。袁志刚和谢栋栋、姚毓春等在借鉴

Aoki 的模型基础上估算了我国不同产业的要素错配程度对生产率的影响。

综览上述相关文献发现，以中国农业或其子产业作为研究对象深入讨论中国农业要素配置与 TFP 关系的文献鲜少见到。而且，在为数不多的要素错配对农业 TFP 影响的文献中，研究者都认为纠正要素配置扭曲会提高我国农业全要素生产率的增长，但是研究内容多集中于单要素错配对农业 TFP 的影响，其中以土地要素错配的研究居多。值得注意的是，随着我国农村土地流转政策的实施和农地面积的变化，土地要素再配置会对其他要素的配置产生连带影响，即农地经营者会改变农业生产中劳动要素及资本要素的配置以适应新的生产状态。那么，在农业中占有重要地位的粮食生产是否存在要素错配？要素错配又会对中国粮食 TFP 增长产生何种影响？有效 TFP 增长率（要素配置最优时）和实际 TFP 增长率（存在要素错配时）的差距又将如何？这些问题是以往研究未曾涉及的，但又对农业经济发展有着重要的影响。为此，本文以早籼稻、中籼稻、晚籼稻、粳稻、小麦和玉米等 6 种粮食作物为研究对象，采用超越对数生产函数的随机前沿模型测算出不同作物的实际全要素生产率（TFP）和有效 TFP 的增长率，然后在构建要素错配指数的基础上分析 6 种粮食作物要素错配的时空差异。最后，进一步分析不同要素的错配对粮食作物的实际 TFP 增长率的影响，旨在为粮食生产中要素配置的优化提供有力的理论支撑和实践指导。

1　研究设计

1.1　基本模型设定

在测算 TFP 的方法中比较常见的是采用随机前沿分析（SFA）的参数法和数据包络分析（DEA）非参数法的生产前沿分析模型。DEA 方法需要大量数据得到前沿面单元以免受到奇异值对真实生产前沿面的影响，DEA 方法也无法解决许多不确定因素对粮食生产的影响。此外，要素错配指数的测算需要用到投入要素的产出弹性系数，这也是 DEA 方法无法获取的。因此，本文选用随机前沿生产函数来测算粮食 TFP。考虑到粮食要素投入总量与播种面积存在较强的相关性，而且农业技术进步的作用更多体现在单位规模粮食生产效率的提高上，本文借鉴其他学者的研究，在尽量涵盖粮食生产主要投入要素的基础上采用单位面积投入和产出变量作为解释变量和被解释变量。最终，本文以 Battese 和 Coelli 提出的随机前沿模型为基础，采用超越对数的平均生产函数模型作为粮食生产函数，模型具体形式设定如下：

$$\ln Y_{it} = \beta_0 + \beta_1 \ln L_{it} + \beta_2 \ln F_{it} + \beta_3 \ln M_{it} + \beta_4 \ln S_{it} + \frac{1}{2}\beta_5 (\ln L_{it})^2 +$$

$$\frac{1}{2}\beta_6 (\ln F_{it})^2 + \frac{1}{2}\beta_7 (\ln M_{it})^2 + \frac{1}{2}\beta_8 (\ln S_{it})^2 + \beta_9 \ln L_{it} \ln F_{it} +$$

$$\beta_{10} \ln L_{it} \ln M_{it} + \beta_{11} \ln L_{it} \ln S_{it} + \beta_{12} \ln F_{it} \ln M_{it} + \beta_{13} \ln F_{it} \ln S_{it} +$$

$$\beta_{14} \ln S_{it} \ln M_{it} + \beta_{15} t + \frac{1}{2}\beta_{16} t^2 + \beta_{17} t \ln L_{it} + \beta_{18} t \ln F_{it} + \beta_{19} t \ln M_{it} +$$

$$\beta_{20} t \ln S_{it} + (v_{it} - \mu_{it}) \tag{1}$$

式（1）中，Y_{it}表示第 t 年第 i 个生产省份的粮食单位面积产量；L_{it}、F_{it}、M_{it}、S_{it}分别表示第 t 年第 i 个生产省份的劳动投入量、化肥折纯量、机械投入量、种子投入量；β_{it}表示待估计参数；v_{it}表示随机误差项，$v_{it} \sim N(0, \sigma_v^2)$；$\mu_{it}$表示技术无效率项，$\mu_{it} \sim N^+(\mu, \sigma_\mu^2)$。在此采用 Battese 和 Coelli 在 1992 提出的时变非效率模型测算粮食生产的技术效率：

$$TE = \mu_{it} = \mu_i e^{-\eta(t-T)} \tag{2}$$

式（2）中 η 为技术效率随时间变动的参数，若统计显著，说明技术效率随时间出现显著变化；T 为时间维度。定义 $\gamma = \sigma_u^2 / (\sigma_u^2 + \sigma_v^2)$，$0 \leq \gamma \leq 1$，$\gamma$ 越大，考虑技术效率因素的必要性就越强；γ 越小，表示误差主要来源于随机因素。

1.2 全要素生产率（TFP）增长率的分解

实际上，TFP 的增长远比技术进步的涵义要丰富得多。除了狭义的技术进步以外，TFP 增长还受到资源配置、规模经营、技术使用效率、要素质量以及专业分工协作等内容的影响，甚至天气因素、基础设施状况和制度因素等都在 TFP 增长中有所体现，因此，全要素生产率（TFP）增长率又被称为广义技术进步率。为了更加准确地分析广义技术进步对经济增长的影响，很多经济学家开始尝试将 TFP 增长率进行分解。本文借鉴其他多位学者的研究方法（赵芝俊和袁开智，2009），将 TFP 增长率分解为狭义技术进步率（TP）、规模报酬收益变化率（SRC）、要素配置效率变化率（AEC）和技术效率变化率（TEC）4 个部分，TFP 增长率的分解方程如下：

$$\dot{TFP} = TP + \sum_j (\varepsilon_j - Z_j)\frac{d\ln X_j}{dt} + TEC =$$

$$TP + (\varepsilon - 1)\sum_j \frac{\varepsilon_j}{\varepsilon}\frac{d\ln X_j}{dt} + \sum_j \left(\frac{\varepsilon_j}{\varepsilon} - Z_j\right)\frac{d\ln X_j}{dt} + TEC \tag{3}$$

式（3）中，$\dot{TFP}$表示全要素生产率增长率。第一项（TP）表示狭义技术进步率，可以继续分解成两部分，如式（4）所示：

$$TP = \frac{\partial \ln Y_{it}}{\partial t} = \underbrace{\beta_{15} + \beta_{16}t}_{\text{中性技术进步率}} + \underbrace{\beta_{17}\ln_{it}^{L} + \beta_{18}\ln F_{it} + \beta_{19}\ln M_{it} + \beta_{20}\ln S_{it}}_{\text{偏性技术进步率}} \quad (4)$$

式（3）中第二项代表规模收益变化率（SRC），为简化公式表达，在此用 X_j（$j=1$，2，3，4）依次代表劳动投入量 L_{it}、化肥折纯量 F_{it}、机械投入量 M_{it}、种子投入量 S_{it}。ε_j 表示投入要素（劳动、化肥、农机和种子）的产出弹性，$\varepsilon = \sum \varepsilon_j$。如果 $\varepsilon=1$，表示规模报酬不变，即规模报酬收益率为零；如果 $\varepsilon>1$，表示规模报酬递增；如果 $\varepsilon<1$，表示规模报酬递减。

式（3）中的第三项表示要素配置效率变化率（AEC），其中，$Z_j = c_j / \sum c_j$，c_j 为第 j 种要素的成本，$\sum c_j$ 是所有要素成本的总和。如果要素配置达到最优时，$\frac{\varepsilon_j}{\varepsilon}=Z_j$；否则，存在要素错配。

式（3）中的第四项是技术效率变化率（TEC），可由技术效率（TE）对时间 t 求偏导得到。

1.3 要素错配指数测定方法

众所周知，在完全竞争市场环境下，当要素的边际产品收益等于要素的边际成本时，要素达到最优配置。如果二者之间出现不一致，称为要素错配。对要素错配的衡量，有的研究采用要素价格扭曲指数表征要素错配指数（陈永伟和胡伟民，2011；王卫和綦良群，2018），然而，粮食生产存在投入产出间隔长、受环境影响严重等生产特点，致使要素错配不仅取决于价格扭曲，还可能由于其他非农就业机会、金融市场的不完善或土地规模的限制导致农户对要素配置的"错判"（朱喜等，2011）。换句话说，在要素价格不变的情况，仍会出现过多或过少地配置要素的情况。再者，农产品投入要素的真实价格难以搜集，若用《全国农产品成本收益资料汇编》中提供的成本与投入量之比计算要素价格，再以此计算要素错配指数，会因多次计算产生误差，导致测算结果可信度降低。综上所述，本文将要素错配指数设定为每亩耕地上 j 要素投入的实际成本份额 Z_j 与其产出弹性份额 Z_j^* 的差值。具体公式如下：

$$Dis_j = Z_j - Z_j^* \quad (5)$$

式（5）中 $Z_j^* = \varepsilon_j/\varepsilon$。如果 $Dis_j>0$，表示要素 j 配置过度；如果 $Dis_j<0$，表示要素 j 配置不足；当 $Dis_j=0$ 时，表示要素达到最优配置。

2 数据处理与假设检验

2.1 数据收集和处理

本文采用 2000—2017 年中国粮食作物中早籼稻、中籼稻、晚籼稻、粳稻、小麦和玉米的数据。6 种粮食作物的产出和要素投入数据来源于 2000—2018 年的《全国农产品成本收益资料汇编》[①]。选取粮食单位面积产量（kg/亩）作为粮食产出变量；劳动、化肥、机械和种子 4 种要素亩均使用量作为要素投入变量，其中，劳动投入采用用工量（工日/亩），化肥投入采用化肥施用折纯量（kg/亩），机械投入采用每亩机械作业费与直接物质费用的比值（%）表示[②]；要素的成本选取以 2000 年不变生产资料价格计算的人工成本（元/亩）、化肥费（元/亩）、机械作业费用（元/亩）和种子费（元/亩）来表示。

考虑到粮食作物投入产出数据的可获得性和年度间的连续性以及粮食种植区域的不均衡性，样本的选取情况如下：早籼稻，选取浙江、安徽、福建、江西、湖北、湖南、广东、广西、海南等 9 省区；中籼稻，选取江苏、安徽、福建、河南、湖北、四川、贵州等 7 省区；晚籼稻，选取浙江、安徽、福建、江西、湖北、湖南、广东、广西、海南等 9 省；粳稻，选取河北、内蒙古、辽宁、吉林、黑龙江、江苏、浙江、安徽、山东、河南、湖北、云南、宁夏等 13 省区；小麦，选取安徽、甘肃、河北、河南、江苏、内蒙古、黑龙江、湖北、山东、山西、陕西、四川、宁夏、新疆、云南等 15 省区；玉米，选取安徽、广西、贵州、甘肃、河北、黑龙江、河南、湖北、江苏、吉林、辽宁、宁夏、内蒙古、陕西、山东、山西、四川、云南、新疆等 19 省区。

为了不遗失更多数据信息，本文对于缺失的数据采取以下方法插补：第一，《全国农产品成本收益资料汇编》未统计 2001 年化肥投入量，本文用前

[①] 参见全国农产品成本收益资料汇编（2004—2018 年）. 北京：中国统计出版社；全国农产品成本收益资料汇编（2000—2003 年. 北京：中国物价出版社。

[②] 于关于粮食生产要素的选择，有两点说明：第一，部分学者通常将劳动、土地以外的要素合为一种生产要素，称为"资本"或"物质费用"进行研究。然而，在《全国农产品成本收益资料汇编》中某些年份和省份数据的缺失导致资本（物质费用）核算的准确性降低。另外，随着现代农业和精准农业的推进，不同物质要素的配置状况受到更多的关注，因此，本文对物质费用进行了分解。第二，随着农业现代化的发展，机械投入对粮食生产的作用不容忽视，但由于无法取得各省份不同粮食作物生产中的机械投入的数据，本文借鉴孙昊（胡祎和张正河，2018）的做法，用机械作业费占直接生产费用的比例代以测度。

后一年化肥投入量的平均值代替 2001 年数据。第二，指标缺失 2~3 年的数据利用其他年份计算的平均增长率估算得到。

2.2 假设检验与估计结果

为了验证基本模型（1）式的合理性并确定 6 种作物模型的具体形式，本文需要进行以下四项检验：

（1）H_0：$\beta_5 = \beta_6 = \beta_7 = \cdots\cdots = \beta_{19} = \beta_{20} = 0$，检验是否应采用超越对数生产函数。若不拒绝原假设，应采用 C-D 函数；若拒绝原假设，则采用超越对数生产函数合理。

（2）H_0：$\beta_{17} = \beta_{18} = \beta_{19} = \beta_{20} = 0$，检验是否符合希克斯中性技术进步。若拒绝原假设，即认为技术进步是有偏向的，否则，为中性技术进步。

（3）H_0：$\gamma = \mu = \eta = 0$，检验是否存在技术无效率项。若不拒绝原假设，不需要用随机前沿模型分析；若拒绝原假设，说明模型设定为随机前沿合理。

（4）H_0：$\eta = 0$，检验技术效率是否随时间变化。

前 3 项检验采取广义似然比（LR）检验，统计量形式为：$LR = -2$（$L_0 - L_1$），其中，L_0 和 L_1 分别代表原假设检验和备择假设检验的对数似然函数值。LR 统计量服从混合卡方分布，即 $\chi^2_\alpha(m)$，其中 α 是显著性水平，m 是限制条件数量。若 LR 统计量的值大于临界值，则以 α 显著性水平拒绝原假设，反之不拒绝原假设。第 4 项检验以第 3 项检验结果中 η 的 t 检验为准。

本文采用 Frontier 4.1 软件对 6 种粮食作物逐一进行初始回归与假设检验，结果见表 1。表 1 中（1）列和（3）列表明，采用随机前沿超越对数生产函数是合理的。（2）列中，除晚籼稻以外，其他 5 种粮食作物生产函数在 5% 的显著性水平上拒绝原假设，说明其生产中存在偏向性技术进步；而晚籼稻生产不存在偏向性技术进步。（4）列中，早籼稻、晚籼稻、小麦和玉米生产函数显著拒绝原假设，即其技术效率随时间变化；而中籼稻和粳稻生产函数不拒绝原假设，说明其技术效率不随时间变化。

根据检验结果（表 1），调整 6 种粮食作物的生产函数模型，最终估计结果如表 2 所示。6 种粮食作物生产函数关于 γ、μ、η 同时为 0 的似然比（LR）单边检验结果都在 1% 的水平上显著，说明 γ、μ、η 不全为 0，存在技术效率损失。在早籼稻、晚籼稻、小麦和玉米的技术非效率模型中的 η 在 5% 的水平上通过了显著性检验，说明这 4 种作物生产的技术效率会随着时间出现显著变化，而中籼稻和粳稻生产的技术效率损失主要是由时间以外其他原因造成。若 γ 统计显著，说明在样本条件下，作物生产存在效率损失，复合扰动项可由技术非效率解释的部分由 γ 的大小表示。中籼稻、晚籼稻、粳稻、

小麦和玉米的 γ 在 5% 显著性水平上通过了 t 检验，说明以上 5 种作物存在技术效率损失，可以解释复合扰动项的部分分别为 40.13%、99.68%、76.5%、89.53% 和 66%。从时间 t 的系数 β_{15} 和 β_{16} 的估计结果可以看出，t 的一次项只有在晚籼稻和粳稻生产函数中统计显著，二次项在小麦和玉米生产函数中统计显著，却都趋近于 0，这说明这 6 种作物生产技术进步增长缓慢。

表 1   模型设定识别检验结果①

		（1）H_0: $\beta_5 = \beta_6 = \beta_7$ $= \cdots\cdots = \beta_{19} =$ $\beta_{20} = 0$	（2）H_0: $\beta_{17} = \beta_{18} =$ $\beta_{19} = \beta_{20} = 0$	（3）H_0: $\gamma = \mu = \eta = 0$		（4）H_0: $\eta = 0$
早籼稻	LR 统计量	25.576*	27.438***	18.013***	系数	0.067** （1.918）
中籼稻	LR 统计量	77.558***	53.112***	33.846***	系数	−0.048 （−1.489）
晚籼稻	LR 统计量	79.098***	6.429	406.955***	系数	−0.031*** （−6.134）
粳稻	LR 统计量	84.476***	13.350** *	96.325***	系数	0.017 （1.296）
小麦	LR 统计量	203.333***	42.516***	141.494***	系数	0.045*** （−4.472）
玉米	LR 统计量	65.660***	7.843**	103.788***	系数	0.019*** （2.676）

注：***、** 和 * 分别表示 1%、5% 和 10% 的显著性水平。

表 2   6 种作物超越对数随机前沿生产函数估计结果及显著性

解释变量	参数	早籼稻	中籼稻	晚籼稻	粳稻	小麦	玉米
C	β_0	1.593	11.790***	−7.188*	9.516***	12.054***	5.441***
$\ln L$	β_1	2.393	−1.200	2.798**	−1.286***	−1.914***	0.391
$\ln F$	β_2	0.314	−3.204***	5.800***	−1.004**	1.785**	0.419
$\ln M$	β_3	0.950	0.248	0.726	0.255	−0.643	0.122
$\ln S$	β_4	−0.173	1.802	0.057	−0.469	−4.751***	−1.327
$(\ln L)^2$	β_5	0.028	−0.013	−0.167	−0.034	0.008	−0.248*
$(\ln F)^2$	β_6	0.832*	0.663**	−0.978**	0.018	0.056	−0.235
$(\ln M)^2$	β_7	−0.122	−0.018*	0.074	−0.076	0.146	0.027**
$(\ln S)^2$	β_8	0.053	0.062**	0.018	−0.071	2.082***	0.217
$\ln L \ln F$	β_9	−0.855***	0.506***	−0.803***	0.307***	0.004	0.116
$\ln L \ln M$	β_{10}	−0.033	−0.083	0.008	−0.013	0.160*	−0.001

---

①   由于篇幅所限，初始回归结果没有报告。读者如有需要，可向本文作者索要。

（续表）

解释变量	参数	早籼稻	中籼稻	晚籼稻	粳稻	小麦	玉米
$\ln L \ln S$	β_{11}	-0.003	0.015	-0.054	0.223 ***	0.465 ***	0.043
$\ln F \ln M$	β_{12}	-0.221 *	0.039	-0.313 **	0.025	-0.097	-0.089
$\ln F \ln S$	β_{13}	0.021	-0.566 *	0.041	0.053	-0.532 ***	0.230
$\ln M \ln S$	β_{14}	0.014	-0.128 *	-0.022	-0.038	0.011	0.118 *
t	β_{15}	-0.005	-0.038	0.014 ***	-0.075 ***	-0.039	0.007
t^2	β_{16}	0.000	0.001	0.000	0.000	-0.003 ***	-0.004 **
$t \ln L$	β_{17}	0.023	-0.001		0.006	-0.011 *	-0.016
$t \ln F$	β_{18}	-0.031 **	0.021		0.018 **	0.020 ***	0.017
$t \ln M$	β_{19}	0.017 **	-0.008		0.001	0.023 ***	0.008 *
$t \ln S$	β_{20}	-0.001	0.019		0.006	-0.017 **	-0.004
	σ^2	0.003 *	0.008 ***	0.227 *	0.014	0.035	0.032 ***
	γ	0.421	0.401 **	0.997 ***	0.765 ***	0.895 ***	0.660 ***
	μ	0.007	0.110 **	-0.952 **	0.089	-0.043	0.288 ***
	η	0.067 **	0.000	-0.029 ***	0.000	0.045 ***	0.019 ***
似然比（LR）单边检验		18.013 ***	16.262 ***	408.933 ***	94.734 ***	141.494 ***	103.788 ***
观测值数量		162	126	162	234	270	342
截面数量		9	7	9	13	15	19

注：***、** 和 * 分别表示 1%、5% 和 10% 的显著性水平。

3 测算结果与分析讨论

3.1 粮食作物实际 TFP 增长率的变化及其分解项

图 1 直观反映了 2000—2017 年中国 6 种粮食作物实际 TFP 增长率的变化趋势，不同作物之间存在明显差异。中籼稻 TFP 增长率在样本期间波动最为明显，2012 年达到所有粮食作物 TFP 增长率的最高值 12.23%，2013 年又跌至所有作物 TFP 增长率的最低值-7.67%。其原因是，从 2012 年开始在中籼稻生产中每亩种子投入量不足 1kg，尤其是江苏省和河南省 2012 年每亩种子投入量分别比 2011 年减少了 19.6% 和 14.9%，导致 2012 年和 2013 年中籼稻 TFP 变化异常显著。与之相较，早籼稻和晚籼稻 TFP 波动相对较小。总的来

说，2000—2017 年间 6 种粮食作物实际 TFP 增长率平均为 2.24%，由高到低分别是：中籼稻（2.78%）、玉米（2.66%）、粳稻（2.48%）、小麦（2.24%）、晚籼稻（1.72%）和早籼稻（1.57%）。

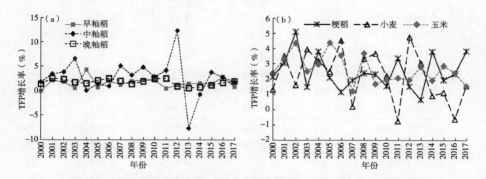

图 1　中国 6 种粮食作物实际 TFP 增长率的时序变化（2000—2017 年）

从实际 TFP 各分解项贡献程度的时序变化来看（表 3），6 种作物生产的技术进步率（TP）对中国粮食作物实际 TFP 增长起到正向拉动作用，但是拉动效果在减弱。要素配置效率变化率（AEC）对我国粮食作物的实际 TFP 增长起到很强的刺激作用，这种作用与规模效率（SRC）所产生的影响有着明显的互补效果。从区域层面[①]观察发现有以下两个显著特点（表 4）。第一，除了西部地区的中籼稻和小麦的技术进步贡献率为负值外，在东部、中部和西部地区其他作物的技术进步贡献率都为正值。其中，东部地区水稻类作物，中部地区晚籼稻，西部地区中籼稻、晚籼稻和粳稻等粮食作物的 TP 对实际 TFP 增长率的贡献率都高于 50%。第二，6 种作物技术效率变化（TEC）对实际 TFP 的贡献率在东部、中部和西部 3 个地区存在很大的差异。中部地区的晚籼稻和东部地区的早籼稻的技术效率的变化（TEC）对实际 TFP 的贡献率超过 75%；东部和西部地区晚籼稻的 TEC 表现不佳，贡献度都是负值；其他情况下 TEC 对 TFP 的贡献率介于 10%~50%。

---

① 借鉴尹朝静对全国省份的划分方式，本文将样本中涉及的 26 个省份按照经济发展水平不同划分为东部、中部和西部 3 个地区。东部地区包括山东、广东、海南、江苏、浙江、福建、河北和辽宁等 8 个省份；中部地区包括湖北、湖南、山西、吉林、黑龙江、安徽、江西和河南等 8 个省份；西部地区包括内蒙古、广西、四川、云南、贵州、山西、甘肃、青海、宁夏和新疆等 10 个省份。尹朝静对全国省份的划分方式，详见尹朝静，付明辉，李谷成. 技术进步偏向、要素配置偏向与农业全要素生产率增长. 华中科技大学学报（社会科学版），2018（5）：50-59。

表3　不同时期6种粮食作物实际TFP增长率及其分解项的贡献程度

品种	时期（年）	实际TFP	TEC 贡献率	SRC 贡献率	TP 贡献率	AEC 贡献率
早籼稻	2001—2005	0.019	0.267	2.359	0.112	−1.738
	2006—2010	0.019	0.193	2.741	0.192	−2.125
	2011—2015	0.012	0.218	0.173	0.289	0.320
	2016—2017	0.018	0.114	−0.049	−0.043	0.977
中籼稻	2001—2005	0.031	0.000	0.303	0.683	0.014
	2006—2010	0.034	0.000	−0.364	0.229	1.135
	2011—2015	0.023	0.000	−0.783	0.180	1.602
	2016—2017	0.023	0.000	−0.160	0.271	0.889
晚籼稻	2001—2005	0.021	−0.139	−0.048	0.624	0.563
	2006—2010	0.020	−0.158	−0.161	0.584	0.735
	2011—2015	0.012	−0.317	−0.612	0.955	0.974
	2016—2017	0.018	−0.221	−0.568	0.578	1.211
粳稻	2001—2005	0.031	0.000	−0.028	0.440	0.588
	2006—2010	0.019	0.000	−0.232	0.685	0.547
	2011—2015	0.023	0.000	0.049	0.598	0.354
	2016—2017	0.031	0.000	1.023	0.485	−0.508
小麦	2001—2005	0.030	0.318	−0.365	0.237	0.811
	2006—2010	0.028	0.276	−1.284	−0.039	2.047
	2011—2015	0.018	0.345	−1.394	−0.564	2.613
	2016—2017	0.005	1.115	−2.457	−3.430	5.772
玉米	2001—2005	0.035	0.208	−0.035	0.465	0.362
	2006—2010	0.024	0.278	−1.053	0.331	1.444
	2011—2015	0.023	0.264	−0.648	0.009	1.375
	2016—2017	0.020	0.292	0.048	−0.276	0.936

表4　不同区域6种粮食作物TFP增长率分解项的贡献率

TFP 增长率分解项	区域	早籼稻	中籼稻	晚籼稻	粳稻	小麦	玉米
SRC 贡献率	东部地区	2.222	−39.269	0.284	0.159	1.909	−0.039
	中部地区	11.003	69.679	−0.042	3.473	−5.009	3.859
	西部地区	1.095	−1.482	0.817	0.472	2.330	4.915
TP 贡献率	东部地区	0.649	0.883	0.549	0.691	0.363	0.458
	中部地区	0.106	0.441	0.680	0.489	0.295	0.453
	西部地区	0.174	−0.769	0.969	0.935	−0.441	0.066

TFP 增长率分解项	区域	早籼稻	中籼稻	晚籼稻	粳稻	小麦	玉米
TEC 贡献率	东部地区	0.752	0.000	−0.463	0.000	0.101	0.237
	中部地区	0.205	0.000	0.838	0.000	0.488	0.275
	西部地区	0.176	0.000	−0.118	0.000	0.324	0.226
AEC 贡献率	东部地区	−2.623	39.411	0.442	0.147	−1.323	0.373
	中部地区	−10.314	−69.102	0.461	−2.965	5.265	−3.559
	西部地区	−0.445	3.219	−0.254	−0.314	−1.184	−4.170

3.2　中国粮食作物实际 TFP 增长率与有效 TFP 增长率的差异

当（3）式中的第三项"要素配置效率变化率（AEC）"为 0 时，要素配置达到最佳状态，此时 TFP 增长率被称为"有效 TFP 增长率"。当投入要素存在错配时，AEC 不等于 0，偏离有效状态的 TFP 增长率被称为"实际TFP 增长率"。由上述测算可知，中国粮食作物生产过程中存在明显的要素错配现象，因此，粮食作物在不同时段的实际 TFP 增长率与有效 TFP 增长率之间的差异也同样显著（表 5）。

通过比较发现（表 5）：第一，除早籼稻和粳稻的个别时段以外，6 种粮食作物的实际 TFP 增长率通常高于有效 TFP 增长率。其原因是从 1998 年开始，中国粮食产量连续五年减产，到 2003 年粮食产量降到 4.3 万 t，是 20 世纪 90 年代以来粮食产量的最低水平[①]。此后国家开始出台一系列政策促进粮食生产技术的发展和产量的提升。2004 年开始中国粮食产量开启了历史性的"十二年连增"，致使 2006 年以后粮食作物的实际 TFP 增长率普遍高于有效TFP 增长率，特别是小麦的实际 TFP 增长率偏离程度更高。这说明我国粮食生产的目标十分明确，就是加大粮食产量的提高，保障粮食数量安全，但是，这种单纯提高粮食生产率的行为扭曲了粮食生产要素的配置结构。第二，虽然样本数据没有完全包含"十三五"规划的所有年份，但是从现有测算结果来看，随着 2015 年以后中国供给侧结构性改革的不断推进，粮食实际 TFP 增长率与有效 TFP 增长率的偏离度有缩小的趋势，其中小麦、中籼稻和玉米的偏离度的缩小程度最为明显，表明粮食产业结构性改革，尤其是种植结构的调整对中国粮食生产要素的合理配置产生积极影响。

---

① 数据来源于国家统计局农村社会经济调查司编. 中国农村统计年鉴 2017. 北京：中国统计出版社。

表5　6种粮食作物不同时段有效 TFP 年均增长率和实际 TFP 年均增长率（%）

		2001—2005 年	2006—2010 年	2011—2015 年	2016—2017 年
早籼稻	实际 TFP 增长率	1.87	1.88	1.2	1.82
	有效 TFP 增长率	5.13	5.87	0.82	0.04
	偏离度	-3.26	-3.99	0.38	1.78
中籼稻	实际 TFP 增长率	3.05	3.35	2.33	2.27
	有效 TFP 增长率	3.01	-0.45	-1.4	0.25
	偏离度	0.04	3.80	3.73	2.02
晚籼稻	实际 TFP 增长率	2.05	2.03	1.15	1.78
	有效 TFP 增长率	0.9	0.54	0.03	-0.38
	偏离度	1.15	1.50	1.12	2.16
粳稻	实际 TFP 增长率	3.12	1.88	2.27	3.11
	有效 TFP 增长率	1.28	0.85	1.47	4.69
	偏离度	1.83	1.03	0.80	-1.58
小麦	实际 TFP 增长率	2.97	2.81	1.84	0.49
	有效 TFP 增长率	0.56	-2.94	-2.96	-2.35
	偏离度	2.41	5.75	4.80	2.84
玉米	实际 TFP 增长率	3.53	2.43	2.34	1.99
	有效 TFP 增长率	2.26	-1.08	-0.88	0.13
	偏离度	1.28	3.51	3.23	1.87

3.3　中国粮食作物生产中要素错配指数的时空测度

根据要素错配指数公式（5）式对中国 6 种粮食作物生产中的要素错配指数进行了不同时段和地区的测度（表6和表7）。

从时间维度看（表6），除个别时期和个别作物以外，粮食生产要素的投入处于过度的状态，特别是劳动要素的投入过度更为明显。其原因是拉动粮食单产及总产增长的关键因素是财政支农政策，但是农业政策对粮食产量的拉动作用在减弱。在农业生产要素成本不断提高，农业政策效果又在减弱的状况下，粮食生产要素的产出弹性份额相对于上涨的要素投入成本是处于下降状态的，导致要素错配指数大于0，粮食生产要素投入过度。

从空间维度看（表7），粮食要素错配有以下几个特点。第一，从区域比较中发现，东部地区粮食生产的 4 种要素的错配程度相对较低，西部地区相对较高。这与李谷成的研究结果一致。主要原因是经济发展程度较高的地区可以为当地农业生产提供更多基础设施条件，促使粮食生产管理更加有效，要素配置更加合理。第二，劳动要素投入过量是中国不同地区粮食生产资源配置不优的主要原因。主要是因为地区间粮食生产中劳动投入的差异取决于农业劳动的机会成本的不同。经济发达地区存在更多非农就业机会，农户对粮食生产的依赖性较低，而西部地区因缺乏更高回报的非农就业机会，粮食生产成为该地区农户的主要收入来源。此结果与朱喜等研究结果相一致。第三，中国粮食生产中化肥的错配程度较低。主要原因是化肥具有及时性和可分性的特点，而且市场化程度较高，因此，化肥要素配置就更趋于最优。但是，值得注意的是，不论是时间维度还是空间维度，小麦的化肥要素投入都明显不足。此处需要说明的是，"化肥要素投入不足"不是指化肥使用数量在减少，而是从经济学的机会成本和要素最优配置的角度而言小麦的化肥投入成本份额小于其产出弹性份额。虽然小麦生产中化肥投入量大、效率低，产出弹性下降是个不争的事实，但是相对于其他要素的产出弹性和小麦的投入成本来说，小麦的化肥投入产出弹性仍然较高，其增产效力仍不可替代。因此，在时空双维度分析中小麦生产中的化肥要素错配指数都小于0。

表6 不同时期中国粮食作物要素错配指数

错配指数	作物品种	2001—2005 年	2006—2010 年	2011—2015 年	2016—2017 年
劳动错配指数	早籼稻	0.340	0.784	2.312	2.679
	中籼稻	−0.446	0.559	1.400	1.854
	晚籼稻	0.696	0.817	1.715	2.295
	粳稻	0.678	0.994	1.979	2.007
	小麦	1.322	1.605	2.528	2.896
	玉米	−0.026	0.270	1.275	1.743
化肥错配指数	早籼稻	0.434	0.947	1.283	1.860
	中籼稻	−0.059	−0.900	−1.674	−2.054
	晚籼稻	−0.003	0.130	0.198	0.141
	粳稻	0.197	0.346	0.407	0.355
	小麦	−0.895	−1.013	−1.047	−1.322
	玉米	−0.229	0.017	0.316	0.392
机械错配指数	早籼稻	0.066	0.311	0.963	1.392
	中籼稻	0.012	−0.042	−0.074	0.097
	晚籼稻	0.115	0.262	0.611	0.842
	粳稻	0.063	0.288	0.583	0.755
	小麦	0.401	0.197	−0.015	−0.210
	玉米	−0.190	−0.249	−0.205	−0.169

（续表）

错配指数	作物品种	2001—2005 年	2006—2010 年	2011—2015 年	2016—2017 年
种子错配指数	早籼稻	−0.045	−0.012	0.141	0.197
	中籼稻	0.089	0.135	0.137	0.278
	晚籼稻	0.075	0.114	0.211	0.253
	粳稻	−0.063	0.075	0.239	0.319
	小麦	−1.065	−0.110	0.329	0.919

表 7　不同区域 6 种粮食作物的要素错配指数

区域	要素错配指数	早籼稻	中籼稻	晚籼稻	粳稻	小麦	玉米	平均
东部地区	劳动错配指数	4.798	0.567	5.032	5.769	5.313	0.481	3.660
	化肥错配指数	4.087	−3.740	0.817	2.093	−3.098	0.835	0.166
	机械错配指数	1.734	−0.456	1.569	1.608	0.757	−1.079	0.689
	种子错配指数	−0.229	2.713	0.575	0.518	2.969	0.834	1.230
中部地区	劳动错配指数	5.641	3.064	4.005	7.314	7.363	1.603	4.691
	化肥错配指数	4.242	0.286	−0.618	1.938	−5.037	1.393	0.341
	机械错配指数	2.703	−0.148	1.336	1.691	1.554	−1.303	0.811
	种子错配指数	0.801	1.492	0.543	0.781	3.583	2.374	1.424
西部地区	劳动错配指数	0.586	0.679	1.684	3.289	15.906	9.498	6.116
	化肥错配指数	0.682	−3.139	0.768	0.031	−7.016	−1.043	−1.026
	机械错配指数	0.192	0.412	0.475	1.153	0.281	−1.527	0.583
	种子错配指数	−0.136	−3.147	0.174	−0.050	−9.710	3.633	−1.383

3.4　要素错配对中国粮食实际 TFP 增长率的影响度的测算与分析

前面已经从时间维度和空间维度对 TFP 增长率的 4 个分解项的贡献率进行了测算和分析。由式（3）可测得要素配置变化率（AEC）对实际 TFP 增长率的贡献度（表 3）。下面将分别考察 6 种粮食作物中每单位要素错配指数对实际 TFP 增长率的影响度（以下简称为"要素错配影响度"，记为：Inf），具体测算公式如下：

$$Inf = \frac{\dfrac{AEC_j}{\sum AEC_j} \times AEC\ 的贡献率}{Dis_j} \tag{6}$$

式（6）中"AEC 的贡献率"是 4 种要素配置效率变化率对 TFP 的贡献率，而 AEC_j（$j = 1, 2, 3, 4$）依次代表劳动错配效率变化率、化肥错配效率变化率、机械错配效率变化率和种子错配效率变化率。AEC_j 由式（7）测算得到：

$$AEC_j = -\ Dis_j \times \frac{d\ln X_j}{dt} \tag{7}$$

根据测算结果（表8和表9）发现，要素错配对实际 TFP 增长率的影响有以下 4 个特点。第一，各要素的错配影响度与要素错配指数并不完全是同向的关系。以早籼稻劳动错配对实际 TFP 增长率的影响为例，不论是时间维度还是空间维度，早籼稻的劳动错配指数都大于 0（表6和表7），说明早籼稻劳动投入过多，而且随着时间的推移，错配指数越来越高，但是劳动错配对早籼稻的实际 TFP 增长率的影响却并不相同（表 8 和表 9）。2011—2015 年和 2016—2017 年两个时段中，早籼稻劳动要素投入过多推高了早籼稻实际 TFP 增长率，而另外两个时段却拉低了实际 TFP 增长率。同样，早籼稻在东部、中部和西部地区的投入过多拉低了实际 TFP 增长率。可能原因是不同时段、不同地区的要素资源配置最优状态是不同的，这主要取决于市场供求关系的动态变化，消费者对不同粮食品种的需求不同会导致要素错配对实际 TFP 增长率产生的效果不同。第二，劳动要素错配影响度与机械、化肥的错配影响度的方向通常相反。这从侧面印证了已有的研究结论，即粮食生产中机械和化肥要素对劳动要素具有替代作用。第三，在多数情况下西部地区劳动和机械要素是配置过度的，但两者对 TFP 的影响度却是相反的，说明在西部地区粮食生产中增加机械要素投入，减少劳动要素投入会进一步提高该地区粮食作物的 TFP 增长率。第四，粮食作物的实际 TFP 增长率对要素错配指数的敏感度不同。就作物的品种来看，中籼稻在东部和中部地区的实际 TFP 增长率对要素错配指数的敏感度异常突出（要素错配影响度全部大于 1），其中劳动和机械要素错配影响度超过了10。就要素而言，实际 TFP 增长率对机械错配指数的敏感度相对更强，尤其是中部地区的籼稻类作物。就地区的整体情况而言，中部地区粮食作物的实际 TFP 增长率对要素错配的敏感度要强于东部和西部地区。敏感性强意味着要素错配的微弱变化会引起实际 TFP 增长率的较大反应；反之，如果实际 TFP 增长率对要素错配的反应不够敏感就很可能造成大量要素资源的浪费。因此，正确判断粮食作物要素错配影响度的方向性和敏感性对优化要素配置，提高全要素生产率的水平，乃至促进粮食产业的可持续发展都有着指导性的作用。

表 8　不同时期粮食作物要素错配对实际 TFP 增长率的影响度

品种	要素错配影响度	2001—2005 年	2006—2010 年	2011—2015 年	2016—2017 年
早籼稻	劳动错配影响度	−15.585	−8.654	0.234	0.429
	化肥错配影响度	−0.829	1.183	−0.055	−0.046
	机械错配影响度	28.297	11.253	−0.143	−0.038
	种子错配影响度	−45.624	−3.325	−0.091	−0.160
中籼稻	劳动错配影响度	0.157	0.431	0.168	−0.167
	化肥错配影响度	0.022	−0.004	−0.032	0.019
	机械错配影响度	−0.367	−1.829	−0.099	0.042
	种子错配影响度	1.010	6.029	9.534	4.440
晚籼稻	劳动错配影响度	1.532	1.085	2.714	1.102
	化肥错配影响度	−0.267	−0.343	−0.187	0.199
	机械错配影响度	−4.469	−1.719	−2.998	−0.602
	种子错配影响度	0.131	3.017	−8.585	−3.315
粳稻	劳动错配影响度	0.690	1.043	0.217	−0.316
	化肥错配影响度	0.883	−0.242	−0.051	0.025
	机械错配影响度	−0.676	−1.301	−0.157	0.052
	种子错配影响度	0.175	−0.419	0.155	0.245
小麦	劳动错配影响度	0.595	1.268	0.947	1.637
	化肥错配影响度	−0.098	−0.155	−0.233	−0.567
	机械错配影响度	−0.197	−0.831	−0.280	−0.614
	种子错配影响度	−0.015	−0.163	−0.092	0.167
玉米	劳动错配影响度	0.665	0.862	0.651	0.482
	化肥错配影响度	−0.003	−0.512	−0.120	−0.054
	机械错配影响度	0.007	−3.341	−0.889	−0.138
	种子错配影响度	0.979	1.055	1.198	0.260

表 9　不同地区粮食作物要素错配对实际 TFP 增长率的影响度

地区	要素错配影响度	早籼稻	中籼稻	晚籼稻	粳稻	小麦	玉米
东部地区	劳动错配影响度	−0.690	13.650	0.057	0.034	−0.256	0.131
	化肥错配影响度	0.087	−1.983	−0.007	−0.005	0.056	−0.035
	机械错配影响度	0.700	−16.033	−0.064	−0.023	0.057	−0.182
	种子错配影响度	3.869	6.247	0.456	−0.004	0.057	0.171
中部地区	劳动错配影响度	−5.998	−20.355	0.934	−0.613	0.721	−0.413
	化肥错配影响度	0.931	4.869	−0.152	0.111	0.046	0.138
	机械错配影响度	7.705	24.887	−1.238	0.573	0.061	1.677
	种子错配影响度	−1.565	−2.987	−3.160	0.428	0.027	−0.380
西部地区	劳动错配影响度	−1.281	−0.283	−0.320	−0.254	−0.063	−0.167
	化肥错配影响度	0.031	0.029	0.039	−0.139	0.019	0.027
	机械错配影响度	1.686	6.273	0.453	0.469	−0.053	1.222
	种子错配影响度	0.283	−0.291	0.233	0.293	0.004	−0.190

4 结论与政策启示

本文基于超越对数生产函数的随机前沿模型对中国早籼稻、中籼稻、晚籼稻、粳稻、小麦和玉米等 6 种粮食作物的 TFP 的增长率进行测算，并借助 TFP 增长率分解方程构建了劳动、机械、化肥和种子等 4 种要素的错配指数，比较分析了 6 种粮食作物的实际 TFP 增长率和有效 TFP 增长率的差异，以及不同要素的错配对实际 TFP 增长率影响的时空差异。结论显示：①2000—2017 年要素错配导致我国粮食实际 TFP 增长率（2.24%）明显高于有效 TFP 增长率（0.73%）。其中，狭义技术进步对实际 TFP 增长的拉动作用在减弱，而要素配置效率的优化对粮食作物实际 TFP 的提升作用在增强。②我国粮食生产中劳动、机械、化肥和种子等要素在时间维度和空间维度都存在不同程度的错配。劳动投入过多是中国不同地区粮食生产资源配置不优的主要原因。从空间区域来看，东部地区粮食作物生产投入的 4 种要素错配程度相对较低，其次是中部地区，西部地区相对较高。③要素配置状况与实际 TFP 增长率之间不是线性关系，而且实际 TFP 增长率对要素错配的敏感性并不一致。相对来说，中部地区的实际 TFP 增长率对要素错配的敏感度要强于东部和西部地区。

针对上述研究结论，本文提出以下三点政策启示：第一，以节本增效为目标，"以良种为基础、智能机械化为载体"提升现代粮食生产技术的创新水平，提高粮食资源配置效率。第二，在确保"口粮绝对安全"的前提下，"以农为本"创新增收途径，扩大粮农收入来源，并鼓励更多的资本要素投向中部和西部地区的粮食生产，努力缩小实际 TFP 增长率和有效 TFP 增长率之间的差距。第三，综合考量和优化各粮食主产省份中粮食资源配置状况，根据技术优势、区域经济优势形成与资源禀赋相匹配的粮食生产布局。努力提升不同类型经营主体在精准化粮食生产管理和要素综合配置方面的能力，促进粮食产业向优质化、绿色化和高效益的方向发展。

参考文献

曹东坡，王树华. 2014. 要素错配与中国服务业产出损失 [J]. 财经论丛（10）：10-16.

陈训波. 2012. 资源配置、全要素生产率与农业经济增长愿景 [J]. 改革（8）：82-90.

陈训波，武康平，贺炎林. 2011. 农地流转对农户生产率的影响——基于 DEA 方法的实证分析 [J]. 农业技术经济（8）：65-71.

陈永伟，胡伟民. 2011. 价格扭曲、要素错配和效率损失：理论和应用 [J]. 经济学（季刊）（4）：1401-1422.

程丽雯，徐晔，陶长琪. 2016. 要素误置给中国农业带来多大损失？——基于超越对数生产函数的随机前沿模型 [J]. 管理学刊（1）：24-34.

盖庆恩，朱喜，程名望，等. 2017. 土地资源配置不当与劳动生产率 [J]. 经济研究（5）：117-130.

高道明，王丽红，田志宏. 2018. 我国小麦生产的要素替代关系研究 [J]. 中国农业大学学报（6）：169-176.

龚关，胡关亮. 2013. 中国制造业资源配置效率与全要素生产率 [J]. 经济研究（4）：4-16.

胡祎，张正河. 2018. 农机服务对小麦生产技术效率有影响吗？[J]. 中国农村经济（5）：68-83.

李谷成. 2009. 技术效率、技术进步与中国农业生产率增长 [J]. 经济评论（1）：60-68.

李明文，王振华，张广胜. 2019. 农业政策变化对粮食高质量产出影响的再讨论——基于 Nerlove 动态分析模型 [J]. 农业经济与管理（6）：73-84.

李首涵，刘庆. 2015. 财政农业科技投资对粮食全要素生产率作用的实证研究 [J]. 科技与经济（1）：52-56.

李韬. 2014. 粮食补贴政策增强了农户种粮意愿吗？——基于农户的视角 [J]. 中央财经大学学报（5）：86-94.

刘颖，金雅，王嫚嫚. 2016. 不同经营规模下稻农生产技术效率分析——以江汉平原为例 [J]. 华中农业大学学报（社会科学版）（4）：15-21.

陆继霞. 2017. 农村土地流转研究评述 [J]. 中国农业大学学报（社会科学版）（1）：29-37.

罗慧，赵芝俊. 2020. 偏向性技术进步视角下中国粳稻技术进步方向及其时空演进规律 [J]. 农业技术经济（3）：42-55.

罗良文，张万里. 2018. 资源错配与制造业技术创新 [J]. 财政监督（9）：109-116.

麻坤，刁钢. 2018. 化肥对中国粮食产量变化贡献率的研究 [J]. 植物营养与肥料学报（4）：1113-1120.

聂辉华，贾瑞雪. 2011. 中国制造业企业生产率与资源误置 [J]. 世界经济（7）：27-42.

彭代彦，文乐. 2016. 农村劳动力老龄化、女性化降低了粮食生产效率吗——基于随机前沿的南北方比较分析 [J]. 农业技术经济（2）：32-44.

沈春苗. 2015. 资源错配研究述评 [J]. 改革（4）：116-124.

史常亮. 2018. 我国小麦化肥投入效率及其影响因素分析——基于全国 15 个小麦主产省的实证 [J]. 农业技术经济（11）：69-78.

孙昊. 2014. 小麦生产技术效率的随机前沿分析——基于超越对数生产函数 [J]. 农业技术经济（1）：42-48.

唐荣，顾乃华. 2018. 上游生产性服务业价值链嵌入与制造业资源错配改善 [J]. 产业经济研究（3）：13-26.

涂圣伟. 2017. 我国农业要素投入结构与配置效率变化研究 [J]. 宏观经济研究 (12)：148-162.

王卫, 綦良群. 2018. 要素错配、技术进步偏向全要素生产率增长——基于装备制造业细分行业的随机前沿模型分析 [J]. 山西财经大学学报 (12)：60-75.

王文, 孙早, 牛泽东. 2015. 资源配置与中国非农部门全要素生产率——基于制造业和服务业之间资源错配的分析 [J]. 经济理论与经济管理 (7)：87-99.

吴丽丽, 李谷成, 周晓时. 2016. 中国粮食生产要素之间的替代关系研究——基于劳动力成本上升的背景 [J]. 中南财经政法大学学报 (2)：140-148.

谢呈阳, 周海波, 胡汉辉. 2014. 产业转移中要素资源的空间错配与经济效率损失：基于江苏传统企业调查数据的研究 [J]. 中国工业经济 (12)：130-142.

姚毓春, 袁礼, 董直庆. 2014. 劳动力与资本错配效应：来自十九个行业的经验证据 [J]. 经济学动态 (6)：69-77.

袁晓玲, 景行军, 张江洋. 2016. 资源错配与中国能源行业全要素生产率 [J]. 湖南大学学报（社会科学版）(3)：77-84.

袁志刚, 解栋栋. 2011. 中国劳动力错配对 TFP 的影响分析 [J]. 经济研究 (7)：4-17.

张洁, 唐洁. 2019. 资本错配、融资约束与企业研发投入——来自中国高新技术上市公司的经验证据 [J]. 科技进步与对策 (20)：103-111.

张屹山, 胡茜. 2019. 要素质量、资源错配与全要素生产率分解 [J]. 经济评论 (1)：61-74.

赵芝俊, 袁开智. 2009. 中国农业技术进步贡献率测算及分解：1985—2005 [J]. 农业经济问题 (3)：28-36.

周新苗, 钱欢欢. 2017. 资源错配与效率损失：基于制造业行业层面的研究 [J]. 中国软科学 (1)：183-192.

朱满德, 李辛一, 程国强. 2015. 综合性收入补贴对中国玉米全要素生产率的影响分析——基于省级面板数据的 DEA-Tobit 两阶段法 [J]. 中国农村经济, 2015 (11)：4-14.

朱喜, 史清华, 盖庆恩. 2011. 要素配置扭曲与农业全要素生产率 [J]. 经济研究 (5)：89-96.

AOKI S. 2012. A Simple Accounting Framework for the Effect of Resource Misallocation on Aggregate Productivity [J]. Journal of the Japanese & international Economies (4)：473-494.

BATTESE G E, COELLI T J. 1992. Frontier Production Functions, Technical Efficiency and Panel Data：With Application to Paddy Farmers in India [J]. Journal of Productivity Analysis (3)：153-169.

BRANDT L, TOMBE T, ZHU X. 2012. Factor Market Distortions Across Time, Space and Sectors in China [J]. Review of Economic Dynamics (1)：39-58.

CHARI A V, LIU E M, WANG S, et al., 2017. Property Rights, Land Misallocation and Agricultural Efficiency in China [R]. NBER Working Paper No. 24099.

DE MELO. 1977. Distortions in the Factor Market: Some General Equilibrium Estimates [J]. Review of Economics and Statistics (59): 398-405.

HSIEH C, KLENOW P J. 2009. Misallocation and Manufacturing TFP in China and India [J]. The Quarterly Journal of Economics (4): 1403-1448.

MELITZ, MARC J. 2003. The Impact of Trade on Intra - industry Reallocations and Aggregate Industry Productivity [J]. Econometrica (71): 1695-1725.

SOLOW R M. 1957. Technical Change and the Aggregate Production Function [J]. The Review of Economics and Statistics (3): 312-320.

SYROUIN M. 1986. Industrialization and Growth: A Comparative Study [M]. New York: Oxford University Press.

Effects of Factors Misallocation on The TFP Growth in China's Grain Industry

Luo Hui, Zhao Zhijun, Qian Jiarong

Abstract: The article takes the rice, wheat and maize as the objects to study the effects of production factors misallocation on the total factor productivity (TFP) growth in China's grain industry, by the stochastic frontier model of the translog production function. Based on extracting the factor misallocation indexes, the paper investigates the effects of labor, machinery, fertilizer and seed's misallocation on real TFP growth per mu land from the time-space dimension. The results show that: (1) The average growth rate of real TFP is 2. 24% from 2000 to 2017, and the effective TFP growth is about 0. 73%. (2) The pulling role of the technological progress (TP) on TFP growth is becoming weakened, while factor allocation efficiency improves TFP significantly. (3) The misallocation degrees of the four factors are different in six-grain crop production, among which the excessive labor inputs are more prominent. (4) From the regional level, the factors misallocation degree in the eastern is relatively low while that in western is high. (5) The relationship between factors misallocation and real TFP growth is not linear. Relatively, the sensitivity in the central region is stronger than in the eastern and western.

Keywords: Grain; Productive factors; Factor misallocation; Total factor productivity (TFP); Technological progress

后记

本文是与 2018 级博士生罗慧在其博士论文核心章节的基础上浓缩凝练出的一篇学术论文，发表在《中国农业大学学报（社会科学版）》2021 年第 1 期。本文的价值与创新点在于从要素配置效率的角度出发，通过运用超越对数生产函数的随机前沿模型对我国水稻、小麦和玉米三大粮食作物 TFP 进行测算，并据此构建要素错配指数的基础上，针对单位规模土地上投入的劳动、机械、化肥和种子等 4 种要素错配对粮食作物实际 TFP 增长率的影响进行时空差异分析。该研究对于把握我国粮食技术进步的特点，制定促进技术进步政策具有重要参考价值。

我国小麦生产的技术进步率测算与分析[*]

——基于随机前沿分析方法

高佳佳，赵芝俊[**]

摘　要：为了解我国小麦生产的技术进步现状及测算小麦生产的技术进步率，本研究利用随机前沿分析方法，运用1998—2014年全国15个小麦主产区的投入与产出面板数据对小麦生产的技术进步率进行了测算研究。研究结果表明：技术进步对小麦生产的支撑主要包括优良品种的选育与更新换代、栽培技术的推广、机械化生产技术及病虫害防治技术；小麦生产的年均技术进步率为1.242 2%，技术进步效果显著；小麦各主产区的技术进步率存在较明显的区域差异，大部分主产区的技术进步率为正值，而四川、云南的技术进步率则为负值，因此，加强小麦生产技术的区域间合作是非常有必要的。

关键词：小麦；技术进步率；随机前沿分析

党的十八大以来，以习近平同志为核心的党中央高度重视粮食及粮食安全问题，强调要坚守住"谷物基本自给，口粮绝对安全"的粮食安全战略底线。而确保口粮安全，就是要保持小麦、稻谷这两大口粮作物的种植面积和产量总体稳定。据《中国统计年鉴2016》显示，2015年我国谷物的消费总量为1 702.91亿kg，其中小麦消费量为1 162.5亿kg，约占谷物总消费量的68%，可见，小麦是我国极其重要的口粮作物。而在我国工业化、城镇化发展不断加速，人地矛盾突现、粮食需求刚性增长、水资源日渐紧张、劳动力供需失衡等情况下，依靠技术进步促进粮食持续稳定增长是我国粮食安全的战略选择。因此，为保证我国口粮安全，特别是要实现小麦供需达到基本平衡，就必须不断提高小麦单产和质量水平。国内外长期实践及经验表明：技术进步和技术创新才是提高小麦单位面积产量和品质水平的唯一出路。因此，

---

　　* 基金项目：国家自然科学基金重点项目群项目（71333006）、中国农业科学院科技创新工程（ASTIP-IAED-2016-05）。

　　** 高佳佳，硕士研究生，E-mail：756547195@qq.com；通讯作者：赵芝俊，研究员，主要从事农业技术经济研究，E-mail：zhaozhijun@caas.cn

研究我国小麦生产技术进步问题，有利于进一步提升我国小麦生产潜力以提高小麦产量与品质、维护国家粮食安全。

国外学者早在 20 世纪 50 年代就开始研究技术进步，Solow（1957）就提出长期的经济增长不是依靠资本和劳动力投入，而是主要依靠技术进步。Nishimizu 等（1982）研究了南斯拉夫在 1965—1978 年的全要素生产率增长和技术进步的变化。Bairam（1991）使用新的 CES 生产函数的方法测算了苏联工业部门中五大分支机构的技术进步率和规模收益。Boskin 等（2001）测算了 7 个国家在不同时期的技术进步率，发现日本的年平均技术进步率最高。Rana 等（2008）考虑柯布-道格拉斯和超越两种形式，研究了食品制造业的全要素生产率和技术效率的变化。Abukari 等（2016）运用 Malmquist 指数数据包络法与增长核算法得出土耳其农业部门的全要素生产率增长率为 0.29。然而，关于国内小麦生产的技术进步方面的研究并不是很多。从可查到的文献看，主要有孟令杰等（2004）运用数据包络分析方法测算分析了 2002 年各小麦产区的综合技术效率、纯技术效率及规模效率。魏丹（2010）利用 C-D 生产函数对 1990—2008 年我国小麦技术进步率进行了测算。夏海龙等（2010）运用参数方法对河南省农户小麦生产的技术效率和规模报酬情况进行了分析。陈书章等（2012）利用超越对数成本函数对全国及 5 个小麦主产区的技术进步及要素投入进行了优化分析。苗珊珊（2014）则利用随机前沿生产函数对我国 2000—2011 年的小麦生产的技术效率与技术进步模式进行了研究。从上述文献可看出，现有文献主要研究了小麦生产的技术效率，而对近十几年小麦生产的技术进步率及其影响因素的研究相对较少，因此研究小麦生产的技术进步率是非常有必要的。

从技术进步率测算方法上看，国内许多学者利用随机前沿分析方法对其进行测算。余建斌等（2007）利用随机前沿法测算出中国大豆的技术进步率较低，而大豆生产的效率损失明显。张社梅等（2008）基于投入要素变动建立农业生产函数模型，分析了 1986—2003 年中国的农业技术进步贡献率；田伟等（2010）利用 1995—2008 年中国棉花主产区的面板数据测算了技术进步率，发现中国棉花生产的技术进步显著，但各产区存在明显的技术进步差异；王志平（2010）运用随机前沿分析方法和超越对数生产函数研究了我国 2001—2006 年各地区的全要素生产率，并通过主成分分析法研究了影响生产效率的因素，实证结果显示前沿技术进步决定了全要素生产率，且东部高于中西部；郭亚军等（2013）通过建立随机前沿模型，对苹果产业技术效率进行了计算，发现苹果生产存在显著的技术进步。由此可见，随机前沿分析方法选用单位面积的投入与产出面板数据作为变量，可更好地分析各投入要素的技术进步差异以及技术进步随时间的变化趋势，因而更加有利于研究技术进步。因此，本研究选用随机前沿分析方法对1998—2014年中国15个小麦主产省区的面板数据进行技术进步率的测算，考察小麦生产技术进步率的变化趋势，同时分析各投入要素产出弹性之间的差异以及小麦主产大省的技术进步的具体原因。

1 我国小麦生产技术进步发展现状及其影响

1.1 我国小麦生产技术进步发展现状

新中国成立以来，国家十分重视小麦技术发展，技术进步对小麦生产的支撑主要是通过优良品种的选育与更新换代、栽培技术的推广、机械化生产及病虫害防治能力的提高来实现的。

持续的小麦品种培育与改良及其在生产中的推广与应用，为小麦单产和品质的改善打下了坚实基础。20世纪50年代开始广泛的杂交育种工作，小麦实现了7次大规模的品质更换，据统计，1962—1982年，杂交育成小麦品种共324个，占全部生产品种的70.8%，90年代以后开始积极培育优质专用小麦品种，现已育成29个优质专用小麦品种。

在栽培技术方面，形成了具有中国特色的"四统一"栽培技术，即推广高产、节水、省肥、简化四方面栽培技术。一是以调整播量为核心的高产栽培技术，具有减少播量、降低病害发生程度、提高小麦抗倒伏能力等优点；二是以调节施肥为核心的高产优质栽培技术，通过调整氮磷钾的比例以提高肥料的利用率；三是小麦垄作技术，可降低播种量、保墒、增产、减少病虫害及增强抗倒伏能力；四是保护性耕作技术，其核心是保护环境、降低成本，提高生产力。

在机械化生产技术方面，自20世纪80年代末以来，小麦机械化生产在全国得到大规模的推广，小麦机械化水平现已达到80%以上，基本实现了全国范围内的机械化生产。

在抗病虫害防治技术方面，针对小麦的病虫害，对小麦进行了抗病育种，并在全国大范围实行，同时病虫害综合防治技术也得到突破性的改进。

1.2 技术进步对小麦生产发展的影响

1.2.1 技术进步促进了小麦单产的不断提高

由图1可知，自1979年以来，我国小麦总产量在年际间呈现较大的上下波动的不稳定增长态势，特别是 2004 年以后随着中央出台"三减、三免"、种粮直补等政策措施，充分调动了农民种粮的积极性，使得小麦总产量在 2004 年以后逐年稳定增长。其中，小麦单产则呈现波动式增长且上升趋势明显，这主要得益于小麦持续不断的品种改良与选育、新技术的不断推广应用等，也在一定程度上遏制了种植面积减少导致总产量变少的局面。

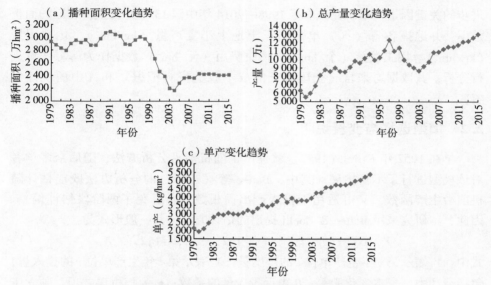

图1 全国小麦播种面积、总产量、单产变化趋势①

1.2.2 小麦优势区的调整优化促进了区域比较优势的发挥

根据我国小麦市场需求的变化趋势和农业战略性结构调整的要求，我国重点发展了优质专用小麦，现已形成东北、黄淮海、长江中下游、西南和西北 5 个"小麦优势区"（2010）。2015 年底，小麦优势区的播种总面积约为 2 120 万 hm²，总产量为 10 523 万 t，同时优质率达到 85% 以上，可见我国小麦产业综合效益明显提高。小麦优势产业区的划分和完善有利于小麦产业的全面发展，同时顺应了小麦生产发展的新方向和种植结构的优化调整，使小麦生产布局得到合理利用，提高了优质专用小麦的比例，使区域比较优势得到进一步突现。

---

① 资料来源：《中国统计年鉴》，2016 年。

2 小麦生产技术进步率的测算与分析

2.1 数据来源与说明

为弄清小麦生产技术进步及其在产量增长中的贡献，找出影响小麦技术进步的关键因素，本研究选取了 1998—2014 年中国 15 个小麦主产省区的面板数据，并选择各省（区）单位面积土地上小麦产量（kg/hm²）、化肥用量（kg/hm²）、用工数量（个/hm²）、物质费用（元/hm²）数据作为解释变量进行分析，其数据均来自《全国农产品成本收益资料汇编》和《中国统计年鉴》。

2.2 模型选择与变量说明

早在 1957 年 Farrel（1957）就提出了随机前沿分析方法，随后众多学者对该模型进行了不断扩展。其中，Battee 等（1995）的分析方法既能估计随机前沿生产函数，又可适用于投入产出面板数据，避免了两阶段估计偏差。因此，本研究采用 Battee & Coelli 提出的估计方法，其一般形式为：

$$Y_{it} = \beta X_{it} + (v_{it} - u_{it}) \qquad i = 1, 2, \cdots, N; t = 1, 2, \cdots, N \qquad (1)$$

式中：Y_{it} 表示第 t 年生产单位 i 的产出量；X_{it} 表示第 t 年生产单位 i 的投入量，包括劳动力、资本、化肥等；β 表示投入量的系数；v_{it} 为随机误差项，独立于 u_{it}，表示误差及各种不可控制的随机因素，如天气等；u_{it} 为非负随机变量，即生产效率损失。

本研究假设技术进步为希克斯非中性，选用超越对数形式表示小麦的随机前沿生产函数，即：

$$\text{Ln}Y_{it} = \beta_0 + \beta_1 \ln L_{it} + \beta_2 \ln W_{it} + \beta_3 \ln F_{it} + \beta_4 T + \frac{1}{2}\beta_5 (\ln L_{it})^2 +$$

$$\frac{1}{2}\beta_6 (\ln W_{it})^2 + \frac{1}{2}\beta_7 (\ln F_{it})^2 + \frac{1}{2}\beta_8 T^2 + \beta_9 \ln L_{it} \ln W_{it} +$$

$$\beta_{10} \ln L_{it} \ln F_{it} + \beta_{11} \ln W_{it} \ln F_{it} + \beta_{12} T \ln L_{it} + \beta_{13} T \ln W_{it} +$$

$$\beta_{14} T \ln F_{it} + v_{it} - u_{it} \qquad (2)$$

式中：Y 表示小麦单位面积产量，L_{it}、W_{it}、F_{it} 分别为单位面积土地上的用工数量、物质费用（不包含化肥费用）、化肥用量，T 为时间变量，β_k（$k = 0$, 1, 2, $\cdots$, 14）为待估参数，v_{it} 和 u_{it} 如前所述。

首先，对各变量进行统计分析，结果如表 1 所示。

表1 生产函数中主要变量的统计分析

变量	最大值	最小值	均值	标准差	变异系数
Y(kg/hm²)	32.952 0	6.726 7	20.735 2	5.087 7	0.245 4
W(元/hm²)	15.428 7	4.120 7	9.779 0	2.837 3	0.290 1
L(个/hm²)	1.278 0	0.017 3	0.506 8	0.236 8	0.467 3
F(kg/hm²)	2.358 0	0.626 7	1.433 5	0.412 7	0.287 9

从表1中可以看出，变异系数最小为产出变量 Y，其值为0.245 4，表明1998—2014年小麦单位面积产量相对稳定；变量 L 的变异系数值最大为0.467 3，说明小麦单位面积土地上劳动力投入量波动最大，可能的原因为农村劳动力流动的不稳定性导致了用工投入量存在较大变化；变量 F 的变异系数不是太大，说明小麦单位面积土地上化肥的使用量相对较稳定；W 的变异系数值为0.290 1，说明小麦单位面积上物质投入量变化较大，是影响小麦单产的重要因素，这主要包括良种选育、栽培技术与机械化生产等物质投入。

2.3 实证分析

首先，本研究运用Frontier 4.1软件对该生产函数进行估计，结果如表2所示。

表2 随机前沿生产函数估计结果

解释变量	参数	估计值	t值	解释变量	参数	估计值	t值
C	β_0	−5.204 8 **	−2.437 6	T^2	β_8	−0.000 7	−0.916 3
$\ln L_{it}$	β_1	0.494 8 *	1.667 6	$\ln L_{it}\ln W_{it}$	β_9	−0.074 3	−0.912 1
$\ln W_{it}$	β_2	2.316 8 **	2.582 1	$\ln L_{it}\ln F_{it}$	β_{10}	0.042 7	0.424 9
$\ln F_{it}$	β_3	2.114 4 ***	3.127 7	$\ln W_{it}\ln F_{it}$	β_{11}	−0.297 5	−0.614 7
T	β_4	−0.011 2	−0.163 7	$T\ln L_{it}$	β_{12}	−0.015 9 ***	−2.598 4
$(\ln L_{it})^2$	β_5	−0.058 6 **	−2.194 0	$T\ln W_{it}$	β_{13}	−0.017 0	−0.799 6
$(\ln W_{it})^2$	β_6	−0.179 8	−1.014 0	$T\ln F_{it}$	β_{14}	0.048 0 ***	2.760 8
$(\ln F_{it})^2$	β_7	−0.211 8	−1.116 9	γ		0.797 2 ***	9.996 2

注：*、** 和 *** 分别表示通过10%、5%和1%水平的显著性检验。

从表2中可看出，在该生产函数中各投入变量对产出变量的影响大小和显著性水平各不相同。单位面积土地上投入的化肥量（F）与小麦单产（Y）在1%的显著性水平下正相关，相关系数为2.114 4，说明化肥投入对提高小麦单产有很好的促进作用；物质费用（W）与小麦单产（Y）在5%的显著性水平下正相关，相关系数为2.316 8，表明除化肥之外的其他物质费用投入也对小麦单产有较好的促进作用；用工数量（L）与小麦单产（Y）在 10% 的显著性水平下正相关且相关系数较小，表明劳动力投入对小麦单产的提高有促进作用，但效果不如 F 和 W 明显；时间变量（T）和二次时间变量（T^2）均为负值，表明小麦的技术变化增长率呈逐年下降的趋势，且都不显著，可能与我国小麦生产已经达到成熟阶段，时间的短期变化对小麦生产技术有一定的提高，但效果不显著有关。

此外，技术无效项 γ 占比为 0.797 2，且在 1% 的显著性水平下通过了 t 检验，这说明技术非效率 u 是造成复合扰动项变异的主要原因，只有 20.3% 是由随机误差 v 造成的。

根据式（1）可得到各投入要素的产出弹性计算公式：

$$\varepsilon_L = \beta_1 + \beta_5 \ln L + \beta_9 \ln W + \beta_{10} \ln F + \beta_{12} T$$
$$\varepsilon_W = \beta_2 + \beta_6 \ln W + \beta_9 \ln L + \beta_{11} \ln F + \beta_{13} T$$
$$\varepsilon_F = \beta_3 + \beta_7 \ln F + \beta_{10} \ln L + \beta_{11} \ln W + \beta_{14} T \qquad (2)$$

将表 2 中的参数估计结果带入式（2）中，可得到全国要素投入的平均产出弹性，结果如表 3 所示。

表 3　全国小麦生产各投入要素的平均产出弹性

产出弹性	年份								
	1998	1999	2000	2001	2002	2003	2004	2005	2006
ε_L	0.119 3	0.103 6	0.096 6	0.086 5	0.071 2	0.061 1	0.026 2	0.019 2	0.003 1
ε_W	0.400 3	0.382 7	0.386 3	0.363 5	0.325 7	0.343 6	0.304 3	0.269 3	0.240 9
ε_F	0.230 3	0.264 7	0.336 6	0.379 9	0.407 0	0.476 5	0.461 6	0.498 9	0.520 5

产出弹性	年份								
	2007	2008	2009	2010	2011	2012	2013	2014	均值
ε_L	−0.015 1	−0.034 3	−0.051 2	−0.070 0	−0.091 5	−0.108 3	−0.125 0	−0.141 1	−0.002 9
ε_W	0.210 2	0.182 7	0.151 3	0.109 1	0.064 0	0.042 8	0.018 7	0.002 6	0.223 4
ε_F	0.541 1	0.559 3	0.573 0	0.586 0	0.599 5	0.626 4	0.652 0	0.670 9	0.493 2

据表 3 所示，小麦各投入要素的产出弹性之和<1，说明我国小麦 1998—2014 年的规模报酬是递减的。从全国范围来看，单位面积土地上投入的用工数量（L）的产出弹性是逐年递减的且由正转负，说明农村劳动力出现过剩现象，从 2007 年开始增加用工投入已无法提高小麦单产的增长；物质费用（W）的产出弹性全部大于 0 但有递减的趋势，即物质费用的边际产出是逐渐减少的；化肥用量（F）的产出弹性全部都是正值并且呈逐年增加，说明化肥投入的边际产出在不断增长，可以通过合理施肥、科学施肥及配方施肥来

提高小麦的产量。

综合小麦各投入要素的产出弹性结果分析可知，小麦生产已不属于劳动密集型产业，劳动力投入在提高小麦单产水平中的作用有正转负，物质投入特别是化肥的使用对小麦单产的提高有很好的促进作用。所以，要提高我国小麦的单位面积产量，就必须更加依靠科学技术和物质资本的科学投入，而不能再单纯增加用工数量，应将农村过剩劳动力逐步解放出来。

2.4 小麦生产技术进步率的测算分析

在随机前沿分析中，时间变量（T）的产出弹性就是小麦生产的技术进步率，即 $\varepsilon_T = \beta_4 + \beta_{12}\ln L + \beta_{13}\ln W + \beta_{14}\ln F + \beta_8 T$。各小麦主产省份的技术进步率如表4所示，同时将各省份每年的小麦技术进步率进行平均，得到1998—2014年中国小麦生产平均技术进步率的年际分布图（图2）。

表4 1998—2014年小麦各主产区技术进步率　　　　　　　　　　　%

主产区	年份								
	1998	1999	2000	2001	2002	2003	2004	2005	2006
河北	2.647 2	2.841 4	2.866 2	2.934 6	2.833 0	3.049 2	2.137 1	2.259 6	2.192 4
山西	0.925 7	0.864 2	1.187 3	1.149 8	1.242 9	1.008 7	0.076 7	0.873 1	1.283 2
内蒙古	2.118 5	0.379 1	1.891 4	2.017 3	3.207 1	2.310 3	1.639 7	2.587 0	2.179 6
黑龙江	1.680 3	2.140 5	0.698 6	2.100 0	3.008 4	2.122 0	1.286 1	0.894 2	0.326 2
江苏	2.572 7	2.301 4	2.623 5	2.777 2	2.750 7	2.836 3	1.832 1	2.659 7	2.468 6
安徽	2.843 2	2.190 9	1.912 4	2.402 2	2.445 9	2.212 3	2.421 9	2.437 7	3.102 2
山东	2.519 7	2.627 3	2.607 1	2.757 4	2.763 4	2.886 7	1.522 4	1.965 1	2.151 2
河南	1.754 7	1.681 3	1.792 8	1.889 7	1.942 0	1.861 0	-0.025 5	1.885 8	2.211 8
湖北	-0.372 1	-0.084 5	0.335 9	0.836 8	1.189 8	0.114 4	0.455 0	1.232 3	1.272 0
四川	-1.191 2	-0.916 9	-0.412 0	-0.005 3	0.230 7	0.451 7	-0.999 3	-0.426 4	-0.265 1
云南	-0.919 7	-1.526 7	-1.174 7	-1.664 6	-2.081 8	-1.563 7	-2.024 2	-1.870 8	-1.412 1
陕西	-0.073 3	0.243 9	0.618 0	1.455 9	1.921 7	2.407 4	1.585 0	2.492 9	1.691 1
甘肃	0.954 7	1.128 3	1.059 4	0.728 6	0.298 0	0.639 6	-0.437 1	-0.252 8	-0.454 8
宁夏	1.840 5	2.645 4	2.328 7	2.742 2	2.613 4	2.294 4	1.683 5	1.747 5	1.877 1
新疆	2.415 0	1.989 6	2.006 3	1.743 2	1.756 3	1.127 3	1.114 7	1.404 2	1.085 0
平均	1.314 4	1.233 7	1.356 1	1.591 0	1.741 4	1.583 8	0.817 9	1.312 6	1.313 9
主产区	年份								
	2007	2008	2009	2010	2011	2012	2013	2014	平均值
河北	2.395 1	2.254 7	2.004 5	2.194 4	1.962 6	1.965 5	1.717 4	1.786 6	2.355 4
山西	1.418 8	0.673 6	0.847 7	0.615 6	1.089 2	1.128 9	1.057 6	1.452 2	0.993 8

（续表）

主产区	年份								平均值
	2007	2008	2009	2010	2011	2012	2013	2014	
内蒙古	2.110 4	1.911 0	2.216 0	2.023 8	1.876 0	2.481 3	2.606 6	2.689 1	2.132 0
黑龙江	0.147 6	1.496 3	2.117 9	1.301 8	1.957 0	1.960 1	2.142 3	1.988 6	1.609 9
江苏	2.669 4	2.121 6	2.084 5	2.203 6	1.996 1	1.797 5	1.918 4	1.992 8	2.329 8
安徽	2.624 8	2.633 7	2.402 1	2.253 5	2.103 1	2.329 2	2.346 1	2.428 4	2.417 0
山东	2.091 0	1.925 5	1.682 7	2.061 6	1.794 5	1.767 5	1.631 7	1.919 9	2.157 3
河南	2.045 7	1.824 2	2.024 3	2.485 2	2.078 1	2.076 4	1.735 8	1.844 5	1.829 9
湖北	1.037 7	0.966 2	0.879 8	0.512 2	0.468 3	0.303 5	0.489 8	0.767 7	0.612 1
四川	-0.710 9	-0.711 2	-1.739 9	-1.512 0	-1.676 2	-1.816 2	-1.992 4	-1.210 9	-0.888 4
云南	-1.214 8	-1.616 6	-2.258 7	-2.198 2	-1.331 0	-2.246 9	-2.390 1	-2.439 1	-1.760 8
陕西	1.207 8	1.733 6	1.341 9	1.866 2	1.219 6	1.504 5	0.756 6	0.979 1	1.350 1
甘肃	0.177 2	-0.238 6	-0.216 5	0.200 1	-0.088 4	-0.769 6	-0.962 4	-0.010 4	0.103 3
宁夏	1.546 8	0.513 1	1.219 6	0.972 5	1.146 3	0.730 6	1.094 3	0.418 1	1.612 6
新疆	1.202 8	1.331 3	2.069 4	2.341 0	2.200 5	2.192 7	2.239 3	2.027 1	1.779 2
平均	1.250 0	1.121 2	1.111 7	1.154 7	1.119 7	1.027 0	0.959 4	1.108 9	1.242 2

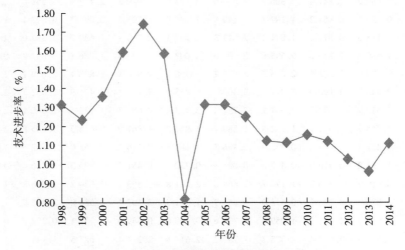

图 2　我国小麦技术进步率的年际分布

从图 2 中可看出，1998—2014 年全国小麦生产的年均技术进步增长率为
1.242 2%，其中，1998—2007 年小麦生产的技术年均进步率均在 1.2% 以上
（2004 年除外），而 2008—2014 年则均低于 1.2%，说明 1998—2014 年中国小
麦的技术进步已取得了明显的进步，有一定的提升空间。造成 1998—2002 年

小麦生产的年均技术进步率持续增长的主要原因是我国 20 世纪 90 年代迎来农业发展的新阶段，在这期间国家对农村劳动力的强制性约束放松，过剩的农村劳动力开始向城市流动，城市迅速地发展起来，从而使城市农产品消费大幅上涨，同时国家对农产品统购统销也有不同程度地放松，这使得剩余农产品开始进入市场，在市场资源配置的作用下，粮食价格有了一定的提高，使粮食供给大幅增加，农民收入水平再次有了明显改善。这些新的变化都对农民从事小麦生产有积极的推动作用，从而使小麦生产技术有了新的改善与进步。但是，在农业快速发展的同时，也催生了一些新问题。进城务工的较高收入吸引了大量农民离开农村，再加上农业种植结构的调整和冬小麦旱情严重，使得小麦生产遭遇瓶颈，从而导致 2004 年的小麦生产技术进步率创历史新低。自 2005 年以来，我国出台了一系列强农惠农政策，如加大对种粮农民和农业机械购置的补贴，确立了小麦最低收购价政策，以降低了农民粮食种植的成本，提高农民种粮积极性。此外，政府部门加大了对农业科技研究的支持力度，大力开发与推广农业科学技术，同时加强农村基础设施建设和新农村建设，以改善农村生活条件、稳定和提高粮食生产，进而增加农民的种粮收入。这些举措打破了 21 世纪初我国农业发展后劲不足的瓶颈，使得我国小麦生产的技术进步情况有所改善，年均技术进步率维持在 1% 左右。

　　为更好地探究小麦各主产区之间技术进步存在的差异，本研究根据表 4 对 15 个小麦主产区的年均技术进步率作了聚类分析（图 3）。根据聚类结果划分为四大类：第一类产区包括河北、内蒙古、江苏、安徽、山东，其平均技术进步率都在 2% 以上，说明这 5 个小麦主产区在生产技术上有明显的进步；第二类产区包括黑龙江、河南、陕西、宁夏、新疆，其平均技术进步率也都高于全国平均水平，但这些产区的技术进步不如第一类产区明显；第三类包括山西、湖北和甘肃，这 3 个产区平均技术进步率低于全国平均水平，说明这 3 个产区还没有实现对现有小麦生产技术的充分利用，应该进一步发挥其内在潜力；第四类为四川和云南，其平均技术进步率为负值，说明这两个产区小麦生产存在不同程度的技术退步。

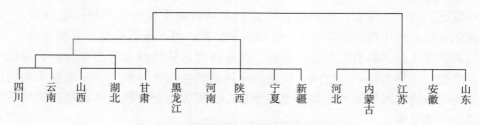

图 3　小麦主产区技术进步率聚类

为进一步探究小麦各产区技术进步率的差异，本文既对安徽、江苏这两个技术进步最快产区的小麦技术进步情况进行分析，同时也对技术进步率为负值的四川和云南进行分析。据统计，安徽产区的产量从1998年的209.66kg提高到了2014年的466.83kg，江苏产区则从1998年的192.44kg增长到2014年的440.27kg。通过研究，发现这两个产区之所以取得快速的技术进步不仅与当地自然资源条件有关，同时，也与当地农业政策的支持、财政资金的投入、先进生产技术的使用与推广以及农民科技水平的提高等有着密切关系。安徽产区主要是通过优质高产品种、配方施肥、科学播种技术和病虫害综合防治技术这4项关键技术在全省的广泛应用与推广，同时积极扩建小麦高产攻关核心示范区（张文玉，2010）。而江苏产区的经验是实施合理布局、品种选育、优粮工程、科技入户工程，同时大力实行农技推广体制，让小麦生产更加科学化。从表4中可看出，四川省和云南省年均技术进步率均为负值，可能的原因是这2个产区所处的地理位置、土壤、环境都不十分适合小麦生长，致使这两省的主要优势农作物为其他农作物，而种植冬小麦是为了提高复种指数、增加粮食产量，所以这两省不太注重小麦生产技术的创新和扩散，从而导致技术进步率为负值。

3　结论与建议

本研究分析了技术进步在小麦生产中的发展现状及其影响，并利用随机前沿函数测算了1998—2014年小麦生产技术进步率，得到如下几点结论与建议：

第一，技术进步对小麦生产的支撑主要是通过优良品种的选育与更新换代、栽培技术的推广、机械化生产及病虫害防治能力的提高来实现的，同时在我国发展优质专用小麦、建立小麦优势区顺应了小麦生产发展的新方向和趋势。

第二，小麦各投入要素的计算结果表明：单位面积土地上用工数量的弹性系数由正转负，反映出小麦种植的劳动力要素投入出现了冗余问题，表明小麦已不属于劳动密集型产业；除化肥之外的物质费用的产出弹性在减弱，而化肥投入的作用在逐渐增强，这与科学施肥、测土配方施肥有着密切关系。为此，要提高我国小麦产量与品质，就必须更加依靠技术进步和物质费用的科学投入，加大喜肥、抗病、抗逆、优质品种的选育与推广，栽培技术和病虫害防治技术的提高，更加注重科学施肥、配方施肥，同时将农村过剩的劳动力解放出来。

第三，我国小麦生产的年均技术进步增长率为1.242 2%，技术进步效果显著，但其增长速度在变缓慢，这就需要进一步加强新技术的研发。技术变化呈现出劳动力减少而化肥投入增加的特点，表明小麦生产比较依赖化肥等物质投入，而增加劳动力投入已不能提高小麦的单位面积产量。

第四，我国小麦生产已取得较明显的技术进步，但15个小麦主产区的技术进步率的区域差异较明显，河北、内蒙古、江苏、安徽、山东这5个产区小麦生产的技术进步率最高，而四川和云南这2个产区的年均技术进步率则为负值。因此，我国需加强小麦生产区域间的技术合作，促进技术的推广与扩散以提升我国小麦整体的生产潜力。

参考文献

陈书章，徐峥，任晓静，等，2012. 我国小麦主产区综合技术效率波动及要素投入优化分析 [J]. 农业技术经济（12）：39-50.

郭亚军，姚顺波，2013. 中国苹果生产技术进步率测算与分析：基于随机前沿分析方法 [J]. 农业技术经济（3）：54-61.

卢布，丁斌，吕修涛，等，2010. 中国小麦优势区域布局规划研究 [J]. 中国农业资源与区划（2）：6-12，16.

孟令杰，张红梅，2004. 中国小麦生产的技术效率地区差异 [J]. 南京农业大学学报（社会科学版）（4）：13-16.

苗珊珊，2014. 我国小麦生产的技术效率和技术进步模式 [J]. 华南农业大学学报（社会科学版）（3）：9-17.

田伟，李明贤，谭朵朵，2010. 中国棉花生产技术进步率的测算与分析：基于随机前沿分析方法 [J]. 中国农村观察（2）：45-53.

王志平，2010. 生产效率的区域特征与生产率增长的分解：基于主成分分析与随机前沿超越对数生产函数的方法 [J]. 数量经济技术经济研究（1）：33-43.

魏丹，2010. 技术进步对三种主要粮食作物增长的贡献率研究 [J]. 农业技术经济（12）：94-99.

夏海龙，2010. 农户小麦生产的技术效率分析：以河南省为例 [J]. 技术经济（1）：63-65.

余建斌，乔娟，龚崇高，2007. 中国大豆生产的技术进步和技术效率分析 [J]. 农业技术经济（4）：41-47.

张社梅，赵芝俊，2008. 对中国农业技术进步贡献率测算方法的回顾及思考 [J]. 中国农学通报，24（2）：498-501.

张文玉，2010. 涡阳县小麦高产攻关机制创新与实践 [J]. 现代农业科技（12）：345-346.

ABUKARI A B T, ÖZTORNACI B, VEZIROĞLU P, 2016, Total Factor Productivity Growth of Turkish Agricultural Sector from 2000 to 2014: Data Envelopment Malmquist Analysis Productivity Index and Growth Accounting Approach [J]. Journal of Development

& Agricultural Economics, 8 (2): 27-38.

BAIRAM E, 1991. Elasticity of Substitution, Technical Progress And Returns to Scale in Branches of Soviet Industry: A New CES Production Function Approach [J]. Journal of Applied Econometrics, 6 (1): 91-96.

BATTESE G E, COELLI T J, 1995. A Model for Technical Inefficiency Effects in A Stochastic Production Frontier for Panel Data [J]. Empirical Economics (20): 325-332.

BOSKIN M J, LAU L J, 2001. Generalized Solow-neutral Technical Progress and Postwar Economic Growth [R]. NBER Working Papers: No. 8023, DOI: 10. 3386/w8023.

FARRELL M J, 1957. The Measurement of Production Efficiency [J]. Journal of the Royal Statistical Society: Series A, 120 (3): 253-281.

NISHIMIZU M, PAGE J M, 1982. Total Factor Productivity Growth, Technological Progress and Technical Efficiency Change: Dimensions of Productivity Change in Yugoslavia, 1965-78 [J]. Economic Journal, 92 (368): 920-936.

RANA M, BATEN M, RABMAN M, 2008. Technical Inefficiency Effects and Technological Change in Bangladesh Food Industry: A Stochastic Frontier Analysis [J]. Journal of the Korean Data and Information Science Society, 19 (4): 1449-1463.

SOLOW R M, 1957. Technical Change and Aggregate Production Function [J]. The Review of Economics and Statistics (3): 312-320.

The Measurement and Analysis on Technical Progress of Wheat Production in China: Based on the Stochastic Frontier Analysis Method

Gao Jiajia, Zhao Zhijun

Abstract: To understand the status of technological progress of wheat production in China and the technological progress rate of wheat production, the stochastic frontier analysis method was adopted to analyze the input and output panel data of 15 wheat producing areas in China from 1998 to 2014. The results showed that the technological progress of wheat production mainly included the breeding and upgrading of fine varieties, the promotion of cultivation techniques, the mechanized production technology and the pest control technology; Wheat production average annual rate of technological progress was 1. 242 2%, and technical progress effect was remarkable; There were obvious regional differences in the technological progress rate among the main producing areas of wheat. The technological progress rate of most major producing areas was positive, while the technological progress rate in Sichuan and Yunnan was negative. Therefore, it is necessary to strengthen interregional cooperation in wheat production technology.

Keywords: wheat; technical progress; SFA

后记

本文是与 2015 级硕士研究生高佳佳共同完成的一篇学术论文，发表在《中国农业大学学报》2018 年第 3 期。论文的价值和创新点在于研究利用随机前沿分析方法和 1998—2014 年全国 15 个小麦主产区的投入与产出面板数据，对我国小麦生产的技术进步率进行了测算研究与分析。该研究对于把握我国小麦技术进步状况与特点，以及制定有效的技术进步政策具有一定的参考价值。

验证《集体化与中国 1959—1961 农业危机》中的博弈论假说

——人民公社制度对农业产出影响的定量测算

袁开智，赵芝俊

摘　要：本文简要概述了林毅夫在《集体化与中国 1959—1961 农业危机》一文中提出的博弈论假说，介绍了其他传统假说和林毅夫在原文中使用的检验的方法，并指出了存在的不足之处。最后，本文给出了一种新的能够定量度量制度因素对农业产出影响的方法，并对 1959—1961 农业危机成因的竞争性假说进行了验证。

关键词：农业危机；全要素生产率；林毅夫；定量验证

1　研究背景和意义

1.1　林毅夫关于中国农业危机的博弈论假说

《集体化与中国 1959—1961 农业危机》一文是林毅夫农业经济学与制度经济学方面的名著，发表于美国政治经济学杂志 1990 年 12 月号上。该文对中国 1959—1961 年农业危机发生的原因从博弈论的视角提出了一种新的假说，即由于农业生产行为的监督极其困难，集体化的成功只能通过社员间达成协议，承诺个人提供与自己单干时至少一样的努力。该协议的达成依赖于有社员退社权（相威胁）的重复博弈。而强制加入合作社和退社权被剥夺使得社员在合作社中的行为变成一次博弈，"自我承诺"的协议无法维持，劳动积极性下降，生产率大幅度滑坡，酿成了 1959—1961 年农业危机。

1.2　林文中检验假说的方法

这一关于农业危机的新假说与传统假说形成了竞争性关系，因此需要用数据进行验证。旧假说与新假说一样都认为造成危机的主要原因是政策，也就是制度方面的原因。但具体的解释不同，旧假说认为最主要原因是人民公社的规模过大以及外部的政策失误等，而新假说则认为是强制集体化剥夺退社权造成的。林毅夫认为，制度的作用可以通过全要素生产率（Total Factor Productivity，TFP）显现出来，因为 TFP 可以被认为主要包括技术和制度两方面的作用①。他接着又论证了技术因素在 20 世纪 60、70 年代是正向的②。在这种情况下，如果 TFP 还发生反方向异动的话，就完全是制度因素造成的了。那么如果传统假说正确，那么 1962 年做出生产核算重新回到生产队等政策调整后（即确立"三级所有，队为基础"的原则)③，TFP 即会很快恢复到集体化以前水平；如果新假说正确，只有强制性的人民公社制度取消后，TFP 才会恢复。林毅夫就此根据计算全要素生产率的索洛剩余法进行了检验，证明全要素生产率直到人民公社基本解体的 1983 年，才超过了 1958 年人民公社运动以前的水平，因此实证数据支持一次性博弈假说。

1.3 林文检验方法的缺陷

然而，林毅夫的检验方法存在一些不足之处。从理论上说，制度因素可以由 TFP 增长率的反向波动反映出来的前提是技术进步的作用为正或是为零。所谓技术进步，指的是采用新的农业生产技术（或技术革新）后抬高了生产函数的前沿面，然而林文中有关的论据其实只能反映农业物质投入（资本）的增加，是否发生技术进步尚需验证。而且，制度不仅对 TFP 起作用，还可能引起要素投入及产出弹性的变动，这无法在 TFP 中得到反映。最后，制度因素的作用也不完全等同于人民公社这一制度的作用。除了人民公社制度外，还可能存在其他对农业产出有重要影响的制度因素。从估计方法上说，林毅夫只是经验性地采用前人给出的要素产出弹性计算 TFP④，难以令人信服。

---

① 这里的全要素生产率 TFP 可以理解为广义技术进步率，因而既包含纯粹技术的作用也包含制度的作用。

② 原文中主要的证据有农药、化肥施用量的增加以及农业机械的推广等。

③ 1962 年 2 月，中共中央发出了《关于改变农村人民公社基本核算单位问题的指示》，明确规定将基本核算单位由生产大队改为生产队。9 月，中共中央八届十中全会正式通过了《农村人民公社工作条例修正草案》，再次确认了基本核算单位是生产队，就此奠定了"三级所有、队为基础"的原则。

④ 林毅夫在原文中经验性地采用了唐宗明（Tang, 1984）、文贯中（Wen, 1989）等学者给出的多组产出弹性，计算出全要素生产率。

2 文献综述

自从林毅夫的这篇文章发表以来，在国内外引起了巨大反响。关于传统假说和林的新假说孰是孰非的争论就一直没有停止过，美国的《比较经济学》杂志还曾专门为此开辟过专题讨论。对林毅夫假说持批评者指出，此假说与现有的关于合作社的研究文献的结论相悖，最有代表性是 Dong & Dow（1993），它基于 Macleod（1988）模型证明了一个合作社的成功恰恰需要对社员的退社行为施加约束，否则社员行为策略将趋于偷懒然后离开，这几乎等于彻底否定了林毅夫的假说。而支持者则认为林的假说与传统的合作社理论并不冲突，可以看作是更一般情形的两个特例，如 Puterman & Skilman（1993）就利用了无限重复博弈理论中的一些工具证明了这一点。

然而，国内外的争论主要是基于博弈论和制度经济学理论方面，而很少有从实证角度对两种竞争性假说进行检验的。笔者查到的实证检验方面的文章只有一篇，来自赵国杰等（2004）[①] 的工作。该文结论认为农业强制集体化等特有的农业制度，对农业生产结构和农户形成了束缚，对生产要素配置形成了不当干预，致使农业生产关系受到破坏。而 1959—1961 年自然灾害更加剧了这场灾难的影响，因而也不容忽视。但是这篇文章依然采用全要素生产率来代表制度因素的作用，只是将林文中经验确定弹性的方法改为采用 CD 生产函数回归估算弹性，因此同样不能避免林文的缺陷。而且，赵文认为自然灾害也是农业危机的重要原因，但事实上以中国如此辽阔的幅员，全国范围内持续三年的严重自然灾害影响是很难令人信服的（林毅夫，1990[②]；范子英和孟令杰，2006[③]）。

3 方法和数据来源

本文试图给出一种定量度量人民公社（集体化）制度对农业产出影响的新方法，它与林毅夫（1990）、赵国杰等（2004）的方法有着较大的区别。

首先，笔者认为制度因素不能由全要素生产率准确反映。目前国际上生

---

① 赵国杰，翟欣翔，郝清民. 2004. 中国 1959—1961 年农业危机的主因：对林毅夫假说的定量检验 [J]. 天津大学学报（社科版）（4）。

② Lin Justin Yifu, 1990. Collectivization and China's agricultural crisis in 1959—1961 [J]. Journal of Political Economy（98）：1-10。

③ 范子英，孟令杰. 2006. 对阿马蒂亚·森的饥荒理论的理解及验证：来自中国的数据 [J]. 经济研究（8）。

产率测度研究领域比较成熟的看法是全要素生产率可以分为狭义技术进步、技术效率、规模报酬效益和要素配置效率四部分[①]，并且能够进行准确的定量分解[②]。这种分解中并没有制度因素这个部分。事实上制度因素的作用可以有两类：一类主要是制度是从优化组织管理水平的途径比较平缓而持续地促进经济增长，它包含在对 TFP 进行分解后的技术效率以及要素配置效率等组成中，也就是说，这类制度作用只是 TFP 中的一部分；而另一类制度则是形成良好的激励相容机制，在一定时期内对各种投入、技术等方方面面都产生重大影响，反映在生产函数中，则不仅对全要素生产率产生作用，还对生产要素的投入量及产出弹性发挥作用，也就是说，这类制度的作用远远超出了TFP 的范围。可见，制度和全要素生产率的关系是十分复杂的，不管是前一类制度还是后一类制度的作用一般都不能由全要素生产率准确度量。这里我们讨论的人民公社在 20 世纪 50 年代末至改革开放初期对中国农业生产的影响是全面而深远的，因此，笔者认为设置虚拟变量而不是借助于 TFP 更能准确地反映制度因素的作用。

其次，在 1952—1988 的 30 余年中国的农业发展历经了统购统销制度的建立与取消、人民公社制度和家庭联产承包责任制的兴替等重大制度变迁，这意味着中国的农业生产可能会发生显著的结构性变化。而不管是林毅夫（1990）还是赵国杰等（2004），在利用数据建模时都忽略了对可能发生（事实上确实发生了）的结构变化做计量检验，这实际上等于间接承认了制度变迁前后生产结构是一致的。本文则采用 Chow 转折点检验对 C-D 生产函数模型的结构变化进行判定，并在此基础上，设置虚拟变量解释制度作用引起的结构性变化。所以，设置虚拟变量表示诸多制度的影响就不仅具有经济理论上的合理性，同时也是从计量模型出发的需要。

数据方面，本文在采用林毅夫原文数据[③]的基础上，补充了一些新的数据，用以定量反映制度因素的作用。

---

① 狭义技术进步是指新技术应用后抬高了生产函数的前沿面；技术效率是指实际产值和理论上的最大产值的比值，其定量度量需要用到随机前沿技术；规模报酬效益在各要素产出弹性之和不为 1 时存在；资源配置效率是指实际要素配置下的产值与最优要素配置比例下产值之比。

② S. C. Kumbhakar, C. A. K. Lovell, 2000. Stochastic Frontier Analysis. London：Cambridge University Press。

③ 即林的原文附录 A，上海三联书店 2005 年再版. 制度、技术与中国农业发展。

4 制度作用定量测算与验证竞争性假设的步骤

4.1 技术进步作用与冗余变量检验

首先对 1952—1988 年的整个期间构造一般性的 C-D 生产函数：

$$Y_t = A_0 e^{\delta t} K_t^{\beta_1} L_t^{\beta_2} N_t^{\beta_3} FI_t^{\beta_4} e^{\mu}$$

其中，Y_t 为农业总产值，A_0 为基期（1952 年）技术水平，δ 表示技术进步率，K_t、L_t、N_t、FI_t 分别表示资本、劳动力、土地以及林文中的流动投入 4 个生产要素，β_1、β_2、β_3、β_4 为各要素的产出弹性。随机误差项 μ 服从对数正态分布。对原函数进行 OLS 估计（以下所有结果均基于 Eviews 5.1）：

我们注意到，模型的解释力不好（表 1）。对 $\ln A_0$ 和 δ 作 H_0：$\ln A_0 = \delta = 0$ 的 F 联合检验（冗余变量检验），结果如下：F 统计量为 1.612 956，对数似然比为 3.662 845，Prob. F（2，31）为 0.215 577，Prob. Chi - Square（2）为 0.160 186。

F 检验显示，不能拒绝原假设 H_0。因此可以判定技术进步率 $\delta = 0$，同时基期技术水平 A_0 恒等于 1。换言之，整个阶段技术水平恒为 1，也即总体上不存在广义技术进步的作用。

表 1 模型结果分析

自变量	系数	标准误	t 统计量	P 值
$\ln A_0$	1.199 459	2.927 050	0.409 784	0.684 8
δ	0.012 059	0.008 034	1.500 949	0.143 5
$\ln K$	0.811 011	0.118 733	6.830 526	0.000 0
$\ln L$	−0.129 552	0.148 243	−0.873 914	0.388 9
$\ln N$	0.255 473	0.687 642	0.371 520	0.712 8
$\ln FI$	−0.194 577	0.067 143	−2.897 941	0.006 8
R^2	0.975402	调整后 R^2		0.971 434
D-W 统计量		0.764 340		

4.2 结构性变化与 Chow 检验

去除 A_0 和 δ 两个冗余变量（并取对数）后，我们得到新的不含截距项的生产函数：

$$\ln Y_t = \beta_1 \ln K_t + \beta_2 \ln L_t + \beta_3 \ln N_t + \beta_4 \ln FI_t + \mu$$

对上述对数线性生产函数模型作 Chow 转折点检验①，结果如表 2 所示。

表 2　模型 Chow 转折点检验结果

内　容	F 值	P 值
Chow 转折点检验：1956	1. 312 537	0. 288 657
Chow 转折点检验：1957	1. 741 412	0. 167 929
Chow 转折点检验：1958	2. 168 447	0. 097 618
Chow 转折点检验：1959	3. 710 406	0. 014 754

上述检验结果显示，转折点出现在 1959 年，表明 1958 年秋季开始的、在 3 个月以一种近乎狂飚突进方式建立起来的人民公社制度使得中国的农业生产从 1959 年起发生了结构性的深刻变化。

4.3　虚拟变量的设置与定量测度制度作用

既然数据表明人民公社运动确实使得中国的农业产出发生了结构性变化，那么下一步就是重新构造能够准确反映这一时期中国农业生产实际情况的生产函数。要做到这一点，需要对新中国成立初期至 20 世纪 80 年代中后期影响农业生产的主要制度因素及它们之间的关系做一番梳理。

新中国成立后我国实行工业化战略，由于基础薄弱，尚未完成资本原始积累，国家需要当时占国民经济主要部分的农业为工业发展提供积累资金。这主要通过两项制度来实现。一是 1953—1984 年实行的统购统销，二是 1958 年建立、1978 年开始松动到 1983 年底基本消亡的人民公社制度。

4.3.1　统购统销制度

统购统销制度通过压低农产品价格一方面产生了工农业产品剪刀差为工业积累资金，另一方面保证了城市的低工资水平，本质上是对农民利益的强制性剥夺与转移。它对农业产出的影响主要体现在通过农副产品征购数量和征购价格，特别是农副产品征购量。由于征购价格严重低于农产品真实价格（农村集贸市场价格），征购量定得越高，在产量变化相对不大的情况下，农民的剩余也就越少。可以假设极端的情况，如果征购高到总是只给农民留下基本口粮，即使人民公社制度本身再完善，农民也不会努力生产更多的产品。此外，征购价格对农业产出应当有正向的影响作用。但是考虑到，第一，统购统销制度的设计本意就不可能使征购价格达到真实价格；第二，当时农民尚处于努力解决温饱状态，余粮对农民而言胜过余钱，因此价格因素对农业

---

① 根据 Chow 检验的原理，检验只能从 1956 年开始。

产出的影响不会很大。

从1953—1984年整个统购统销期间的农副产品征购率与粮棉征购价格①可以看出，无论是征购率还是征购价格总体而言在整个统购统销期间变动不大。农副产品征购率除1959年、1960年外，始终保持在21%~25%；而粮棉征购价格一般固定一个价格后长期维持基本不变。这表明统购统销制度就长期而言对农业产出施加了一个比较稳定的（负面）影响。

4.3.2 集体化与人民公社制度

程漱兰（1999）认为集体化与人民公社是一种与统购统销相配套的制度安排，其目的在于有组织和更高效地实现对农民的强制性剥夺。通过回顾这一制度演进的历程，可以发现：

其一，尽管我国从1951年9月土改结束后就开始推广以季节性和常年性互助组为主要形式的合作化，后又于1953年初兴起初级社，1956年春试办高级社，但真正彻底改变农业生产关系形态的还是1958年9月中央发出《关于在农村建立人民公社的决议》后全国两三个月内如暴风骤雨般完成的"人民公社化"。人民公社无论从形式还是性质上，都与以前的互助组与合作社有本质的不同，这一点已为大家所公认。因此，就集体化从互助组到人民公社建立的制度演进而言，它是连续非跳跃的，但就人民公社制度建立前后对农业产出的影响而言，它是跳跃的，这一点已为前面的转折点检验所证明。

其二，就人民公社制度的解体与家庭联产承包责任制的确立与推广而言，制度变迁及其对农业产出的影响则是一个渐进非跳跃的过程。包产到组、包产到户、包干到户等生产责任制形式发源于民间，后逐步获得中央肯定②，各地由于实际情况、干部认识程度不同，进程也不一致，一般认为到1983年全国范围内才基本完成（据统计，到1983年底全国推行家庭联产承包责任制的耕地面积占到总数的93%）。也就是说，人民公社制度从1979年开始松动，1983年为其发挥影响的最后一年，它对农业产出影响力的减弱是一个渐进的过程。

4.3.3 虚拟变量的设置

首先，为了比较准确地反映人民公社制度对农业产出的影响，笔者将研究样本期定在1953—1984年，目的是保持期间内其他制度因素（统购统销因

---

① 人民公社时期大田作物占了整个种植业的绝大部分比重，可以认为粮棉价格基本代表了整个征购价格水平。

② 1979年9月，中央《关于加快农业发展若干问题的决定》确认了包产到组；此后到1982年1号文件，才确认包干到户，即大包干这种责任制形式。

素）的影响相对不变。其次，综合人民公社制度演进的整个历程，我们设置虚拟变量 *col* 如下：1953—1958 年设为 0，1959—1978 年设为 1，1979—1983 年分别设为 0.9、0.8、0.5、0.2、0.1，1984 年设为 0，以代表在统购统销的大框架内，人民公社制度对当年农业产出的影响。尾段的设置方式是模拟 Logistic 曲线的形态，以反映家庭联产承包责任制取代人民公社制度，初始"破冰"过程艰难，获得中央肯定后进展迅速，最后扫尾阶段由于一些地方认识滞后又比较困难的真实历史进程。

4.3.4 模型的具体形式

虽然设置了代表人民公社制度的虚拟变量，但对其进入模型的具体形式仍然一无所知，其可能改变对数线性函数 1959 年以后的截距项，也可能改变某个变量的斜率。为此，笔者做出以下两种模型形式的猜想。

猜想一：

由于两种竞争性假说在解释农业危机成因时都着眼于制度对劳动绩效的影响，并就以下内容达成一致，即人民公社合作生产面临劳动计量与监督的难题，而在分配时又必须有量化的评价标准，人民公社只好采取评工分的办法，工分的计算主要是根据性别、年龄与劳动性质等可观测的指标。由于不出工就没有收入，评工分实际上是一种对社员增加劳动投入的制度激励，理性的社员的选择必然是单纯增加劳动的投入数量，而不管是有效劳动还是无效劳动，也即出工不出力。因此，可以推断，人民公社时期农业生产中的实际劳动供给量（以标准工日计）应当大量增长，而由于无效劳动的存在，劳动的边际报酬应当出现减少，这势必影响到劳动力的产出弹性，即对数线性模型中劳动力对数变量的斜率。因而我们可以设定反映人民公社制度的虚拟变量主要改变劳动力对数变量的斜率，即：

$$\ln Y_t = \beta_1 \ln K_t + \beta_2 \ln L_t + \gamma (col \cdot \ln L_t) + \beta_3 \ln N_t + \beta_4 \ln FI_t + \mu$$

猜想二：

笔者在前面分析制度因素的作用时已经指出，有一类制度在其发挥作用的时期内对经济的作用是全面而深远的，因此可以将其视为一种特殊的生产要素进入生产函数。就人民公社制度在 20 世纪 50 年代末至 80 年代前期对中国农业的影响而言，应该具有上述特征。因此，可以做出如下函数形式设定：

$$\ln Y_t = \beta_1 \ln K_t + \beta_2 \ln L_t + \beta_3 \ln N_t + \beta_4 \ln FI_t + \gamma \cdot col + \mu$$

这种函数形式设定下，制度变量的作用体现在改变模型的截距。

4.3.5 定量测度制度的作用

我们对上述两种函数设定都进行 OLS 回归，结果如表 3 所示。

表 3　两种函数 OLS 回归分析结果（1953—1984 年）

设定一				设定二			
变量	系数	t 值	P 值	变量	系数	t 值	P 值
$\ln K$	0.344 292	3.685 945	0.001 0	$\ln K$	0.365 348	0.097 344	0.000 8
$\ln L$	0.336 640	3.331 641	0.002 5	$\ln L$	0.300 464	0.103 894	0.007 5
$\ln N$	0.141 063	2.278 811	0.030 8	$\ln N$	0.168 740	0.063 754	0.013 4
$\ln FI$	0.181 958	3.187 108	0.003 6	$\ln FI$	0.170 225	0.059 570	0.008 1
$COLL \cdot \ln L$	−0.044 37	−6.521 31	0.000 0	COL	−0.208 126	0.034 619	0.000 0
R^2			0.985 041				0.983 528
调整 R^2			0.982 824				0.981 088
D-W 统计量			1.105 992				1.019 796

真实值和两种预测值拟合曲线见图 1。

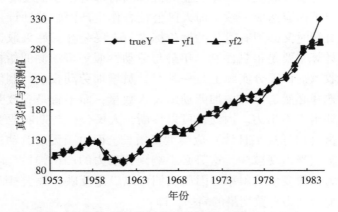

图 1　真实值和两种预测值拟合情况（1953—1984 年）

　　注意到两种模型的拟合程度都很好，但对 1984 年的预测与实际值差别较大。而人民公社制度发挥作用恰好到 1983 年为止。因此去除 1984 年样本点，对 1953—1983 年再做回归（表 4）。

表 4　两种函数 OLS 回归分析结果（1953—1983 年）

设定一				设定二			
变量	系数	t 值	P 值	变量	系数	t 值	P 值
$\ln K$	0.302 066	3.848 211	0.000 7	$\ln K$	0.311 452	3.842 472	0.000 7
$\ln L$	0.314 896	3.740 565	0.000 9	$\ln L$	0.284 556	3.337 668	0.002 6

（续表）

设定一				设定二			
变量	系数	t 值	P 值	变量	系数	t 值	P 值
$\ln N$	0.179 114	3.411 341	0.002 1	$\ln N$	0.205 858	3.871 459	0.000 7
$\ln FI$	0.204 873	4.280 185	0.000 2	$\ln FI$	0.199 611	4.037 205	0.000 4
$COLL \cdot \ln L$	-0.041 28	-7.219 16	0.000 0	COL	-0.195 69	-6.850 91	0.000 0
R^2			0.988 237				0.987 401
调整 R^2			0.986 427				0.985 463
D-W 统计量			1.386 023				1.333 871

真实值和预测值拟合曲线如图 2 所示。

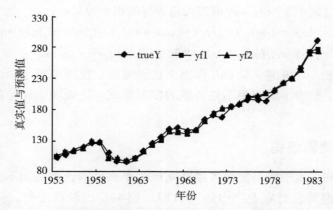

图 2　产出的真实值和两种预测值拟合情况（1953—1983 年）

可以看到两种模型的拟合程度进一步提高，而且各参数估计值变动不大，说明模型稳定性较好。第一种设定显示，样本期内，资本（物质投入）弹性（包括 K 和 FI 两项）约为 0.51，劳动力弹性约为 0.31，土地弹性约为 0.18。产出弹性之和约等于 1，规模报酬不变。而人民公社制度使劳动力产出弹性由 0.31 下降到 0.27，使得生产出现规模报酬递减的不经济情形。

第二种设定认为人民公社制度从总体上约使农业产出比正常水平低 20%。扣除制度因素后，样本期内，资本（物质投入）弹性（包括 K 和 FI 两项）约为 0.51，劳动力弹性约为 0.28。土地弹性约为 0.21 弹性。产出之和近似等于 1，规模报酬不变。

比较两个模型，我们发现两者对人民公社时期劳动产出弹性的估计高度一致，在 0.28 左右（0.274~0.284 之间）。两者的区别在于，第一个模型从作用机制上指出了人民公社制度导致农业生产低效率的具体途径，乃是降低了劳动力的产出弹性（改变劳动力对象项的斜率），或者说降低了劳动的边际报酬；而第二个模型则将人民公社制度高度精炼地抽象为一种生产要素，从总体上测算出其对于农业产出的影响（改变了模型的截距）。两者的联系则是，人民公社制度使劳动力产出弹性下降了 0.04，其效果是使农业产出比正常水平低了约 20%。

4.4 检验竞争性的传统假设

类似地，我们可以设置虚拟变量 *unit* 如下：1953—1958 年设为 0，1959—1961 年设为 1，1962 年调整人民公社基本核算单位后，重新设为 0。如果竞争性的传统假说成立的话，同样选取 1953—1984 年为研究样本期，则以下两种函数设定中至少有一种可以取得较好的拟合效果：

$$\ln Y_t = \beta_1 \ln K_t + \beta_2 \ln L_t + \gamma (unit \cdot \ln L_t) + \beta_3 \ln N_t + \beta_4 \ln FI_t + \mu$$
$$\ln Y_t = \beta_1 \ln K_t + \beta_2 \ln L_t + \beta_3 \ln N_t + \beta_4 \ln FI_t + \gamma \cdot unit + \mu$$

可以验证，对虚拟变量 *unit* 作出上述设定后，这两个模型中多项系数无法通过统计学检验，因而都不是合适的模型形式。这说明实证检验并不支持传统假说。

4.5 再论统购统销

前面提到，由于整个统购统销期间征购率和征购价格变动不大，因而该项制度就长期而言对农业产出的（负面）影响是比较稳定的。但就 1959—1961 年农业危机而言则不然，农副产品征购率最高的两个年份恰好出现在 1959 年和 1960 年，分别达到 32.6% 和 28.3%，而其他年份均保持在 21%～25% 之间。前面我们已经在统购统销的大框架下，测算出强制剥夺退社权的人民公社制度比正常水平农业产出下降约 20%，这一减产效果首先出现在 1959 年，而 1959 年、1960 年两年征购率又连续比正常水平高出大约 10 个和 5 个百分点，无疑进一步减少了农民手中的余粮，使农民的境遇雪上加霜。

5 结论

第一，人民公社制度由于强制推行的集体化剥夺了农民的自由退社权，使得重复博弈的制衡机制丧失，社员在新的制度安排下，采取出工不出力的策略，使得劳动边际报酬明显下降，大约使劳动力的产出弹性下降了 0.04。

第二，人民公社制度下劳动绩效的降低，使得农业产出比正常水平大约低 20%。这一减产效果最先出现在 1959 年，由此造成了 1959—1961 年农业危机。

第三，1959 年、1960 年连续两年远高于同期的农副产品征购水平，进一步加深了农业危机的程度。

参考文献

程漱兰，1999. 中国农村发展：理论与实践 [M]. 北京：中国人民大学出版社.

范子英，孟令杰，2006. 对阿马蒂亚·森的饥荒理论的理解及验证——来自中国的数据 [J]. 经济研究（8）：104-113.

林毅夫，2005. 制度、技术与中国农业发展 [M]. 上海：上海三联书店、上海人民出版社.

农业部政策法规司，国家统计局农村司，1989. 中国农村 40 年 [M]. 郑州：中原农民出版社.

乔榛，焦方义，李楠，等，2006. 中国农村经济制度变迁与农业增长——对 1978—2004 年中国农业增长的实证分析 [J]. 经济研究（7）：73-82.

赵国杰，翟欣翔，郝清民，2004. 中国 1959—1961 年农业危机的主因：对林毅夫假说的定量检验 [J]. 天津大学学报（社科版）（4）：299-302.

朱希刚，1997. 农业技术经济分析方法及应用 [M]. 北京：中国农业出版社.

后记

本文是与 2005 级硕士研究生袁开智一起撰写的一篇学术论文，发表在《农业技术经济》2008 年第 3 期。论文的价值和创新之处在于对前人相关研究存在的种种不足进行分析评价后，提出了一种新的能够定量度量制度因素对农业产出影响的方法，并对 1959—1961 年农业危机成因的竞争性假说进行了验证。该研究对于定量分析制度变化对农业产出的影响这类问题具有一定的参考价值。

技术进步类型选择和我国农业技术创新路径[*]

曹　博，赵芝俊

摘　要：本文首先解释了农业技术进步和诱致性技术变迁的内涵，构造了农业技术发明可能性曲线；其次，从农业技术与要素投入的"互补性"特征出发，基于里昂惕夫生产函数对农业生产者的技术类型选择进行分析，并以此为基础探讨了研究部门农业技术创新的"诱致性"表现；再次，在二元经济体制背景下，利用劳动生产率指数和土地生产率指数从侧面证明了我国农业技术的发展路径表现出比较明显的要素"诱致性"特征；最后基于政府部门、生产部门和研究部门对我国农业技术的未来发展提供相应的政策建议。

关键词：诱致性技术创新；技术进步选择；发展路径；政策建议

　　技术变迁的理论和方向历来是经济学界和政府决策者关心的重大问题。西奥多·W·舒尔茨（1964）在《改造传统农业》一书中提出，传统农业向现代农业转变的一个必备条件是新的、有利的技术供给，但他并没有明确究竟何种技术是"新的、有利的"技术供给以及这样的技术是如何被创造出来的。20 世纪 30 年代，以 Hicks 等（1932）的研究为代表，"诱致性"技术变迁理论首次被提出。其后，Hayami 等（2000）基于美国和日本的要素禀赋差异对两个国家 1880—1960 年期间的农业技术变迁进行了分析，验证了诱致性农业技术进步理论。如大多数发展中国家一样，中国是一个在要素赋予的绝对与相对水平上区域差异极大的国家，在不同生产单位之间初级生产要素（土地与劳动）的市场交换受到严格限制的条件下，若技术投入市场不受限制，中国的农业技术发展是否遵循了"诱致性"发展路径和规律？要素相对稀缺性不同的背景下农业技术发明可能性曲线是如何变化的？农业生产者对农业技术是如何选择的？公共研究部门的诱致性技术创新又受到何种因素的影响？总体而言，由于技术不易量化、难以进行严谨的计量分析，加上相关

---

　　* 项目来源：国家自然科学基金重点项目"现代农业科技发展创新体系研究"（编号：71333006）、中国农业科学院科技创新工程（编号：ASTIP-IAED-2017-05）。赵芝俊为本文通讯作者。

的统计资料不完备，国内对这方面的关注相对缺乏，以上这些问题都有待于在理论上予以回答，在实践中予以验证。

1　要素稀缺诱致性技术变迁与农业技术发明可能性曲线

农业技术进步随着时间的推移即为技术变迁，技术变迁在农业部门表现为"节约劳动型"和"节约土地型"技术进步的转换，而这种转换在学术界被认为是由要素相对价格的变化"诱致"产生的，要素稀缺诱致性技术变迁可以由农业技术发明可能性曲线的移动和变化来解释。

1.1　诱致性技术变迁

诱致性技术变迁是一群（个）人在响应由要素价格变化的不均衡引致的获利机会时为了提高农业生产率所进行的自发性变迁。袁江等（2009）提出了"引进模仿型"技术变迁的概念，认为引进技术比较符合中国资本稀缺、不具备大规模科研活动能力的现实，因此要素价格市场化假设不成立，技术进步是在政府部门主导下以模仿、学习、深化等方式实现的。但是，与工业部门不同，农业发展更多地受到自然资源和气候条件的限制，同时，农业技术是否能够被成功地模仿、学习和使用取决于引进地区的要素禀赋情况。在要素的市场交换在一定程度上被禁止的情况下诱致性技术变迁理论同样适用的理由在于：虽然不同地区的要素禀赋差异在初级要素市场缺失的条件下无法由相对价格反映，但要素稀缺性的增加会相应提高该种投入的相对边际生产率，进而诱使农业生产者为了实现收入最大化目标去寻求能够代替该种投入的技术类型（林毅夫，2014），同时诱使公共研究部门去进行相应的创新。因此，农业技术进步来源于生产诱导，起因于生产要素的禀赋差异（价格的变动），在要素市场上表现为其相对边际生产率的变动。

2.1　农业技术发明可能性曲线

众所周知，农业生产中需要投入劳动力、土地和水等要素。一个国家或地区的经济增长会相应带来劳动力成本和生产资料价格的上涨，当劳动力成本上涨的速度快于生产资料价格时，则经济发展的净效应是进一步增加了劳动力的稀缺程度；反之，则生产资料的稀缺程度加剧。现假定农业生产投入劳动力和生产资料两种要素，其中生产资料包括水、土地等自然资源和化肥、农药等生物化学要素。若两种投入要素的相对价格保持不变，则可以根据某一农产品生产中这两种要素的投入比例不同绘制出相应的等成本线和等产量曲线（图1）。劳动力和生产资料投入的不同组合可以生产出不同的产量，同样地，相同的农业产量可以有不同的要素投入组合。等产量曲线和等成本线相切的点（点 P）是单个生产者某一固定产量水平下的最低成本点。在生产和技术条件不变的情况下，为了获取最大的经济效益，农业生产者在点 P 处安排生产。

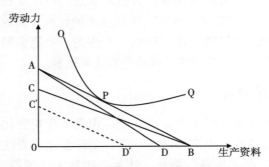

图1 两种投入要素的等成本线和等产量曲线

图1中，AB 为等成本线，OQ 为等产量曲线，OQ 与 AB 相交于点 P。最低成本组合点 P 是在技术条件不变和要素市场完全竞争的情况下得到的。随着社会经济的发展，两种投入要素的禀赋条件开始变化，引起要素相对价格发生变化，生产要素投入组合的变化使得等成本线和等产量曲线移动，分为以下 3 种情况：第一种情况中，经济增长造成了生产资料的相对稀缺，劳动力价格不变、资源价格上升，等成本线由 AB 移至 AD，即在同样的成本下资源投入减少、产出下降，要维持原产量需要加大成本投入或进行节约生产资料型的农业技术研发。第二种情况为经济增长造成了劳动力的相对稀缺，生产资料价格不变、劳动力成本上升，等成本线由 AB 移至 BC，即在同样的成本下劳动力投入减少、产出下降，要维持原产量需要加大成本投入或进行节约劳动力型的农业技术研发。第三种情况为劳动力和生产资料的价格同时上升，且两者的上升幅度相同，等成本线由 AB 移至 C′D′，即在同样的成本下劳动力和生产资料的投入同时减少、产出下降，要维持原产量需要加大成本投入或同时进行劳动力节约型和生产资料节约型的农业技术研发。

在等成本线 C′D′ 的条件下假设有甲、乙、丙 3 个地区，且经济发展不受生产资料禀赋的制约。其中，甲地区劳动力增长的速度快于经济增长速度，即甲地区的劳动力变得相对充裕；乙地区劳动力与经济发展速度同步；丙地区劳动力增长的速度慢于经济增长速度，即丙地区的劳动力变得相对稀缺。如图2所示，甲地区的劳动力相对充裕，将会诱致产生等产量线 EF 类型的技术进步；丙地区劳动力相对稀缺，将会诱致产生等产量线 MN 类型的技术进步；乙地区由于经济发展的速度和劳动力增长的速度相同，将会诱致产生等产量线 GH 类型的技术进步。3 条不同等产量曲线与等成本线 C′D′ 的交点即为不同类型技术条件下的要素组合点，表明农业技术进步是资源禀赋状况（即要素相对价格变化）的动态反应。

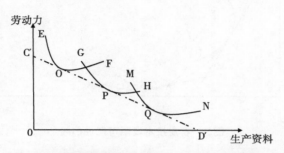

图 2　资源禀赋不同地区的农业技术进步创新模式

上述讨论的前提条件是生产资料投入无限制，仅劳动力价格发生变化，而在现实情况中随着时间的推移两种要素的资源禀赋会同时发生变化，且在不同地区的上升幅度不同。现仍假设有甲、乙、丙 3 个地区且 3 个地区的经济发展速度相同，甲地区劳动力成本的上涨速度快于生产资料价格的上涨速度，乙地区两种投入要素的价格上涨速度相同，丙地区劳动力成本的上涨速度慢于生产资料价格的上涨速度。此时，甲地区的生产者会选择节约劳动型的农业技术，乙地区的生产者会选择同时节约两种要素的农业技术，丙地区的生产者会选择节约生产资料的农业技术。如图 3 所示，AB、CD、EF 分别为甲地区选择节约劳动型技术、乙地区选择同时节约两种要素型技术、丙地区选择节约生产资料型技术条件下的等产量线，且 3 条等产量线表示的产量水平相同。如果现实中 AB、CD、EF 这 3 条等产量线在 3 个地区需要的技术条件都不存在，则该地区农业生产者会产生相应的技术需求，从而诱导该地区的农业科研部门进行该项技术的研究和开发。现实中存在无数个要素价格比率不同的地区，在不同的技术需求条件下会产生无数个等成本线和等产量曲线的均衡点，均衡点处的切线斜率一定等于该地区的要素价格比率。将上述无数个均衡点用线相连，组成一条由要素相对价格变化诱致形成的技术发明包络线，称为"农业技术发明可能性曲线"，即图 3 中的曲线 MN。节约劳动型或节约生产资料型农业技术的发明表现为曲线 MN 上点的移动，而一个国家或地区整体的农业技术进步表现为曲线 MN 的水平移动。曲线 MN 的水平移动受到多种要素的影响，例如科研投入经费的加大、农业科技政策的推广可以使曲线 MN 移至曲线 M′N′。

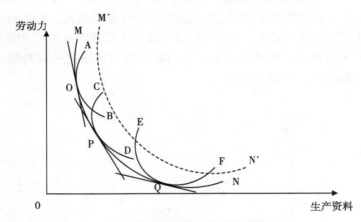

图 3 农业技术发明可能性曲线

2 农业生产者的技术进步类型选择与发展路径

随着社会经济的发展，现实中农业生产的要素投入日益多样化，除了劳动力、水、土地以外，还有农业机械等装备以及转基因种质资源和化肥等生物化学方面的投入。将农业技术分为生物化学技术和机械技术两类，根据之前学者的研究，农业机械技术的推广可以节约劳动力，生物化学技术的采用可以增加单位土地面积上农作物的产量。在家庭联产承包责任制的背景下，假设技术投入的市场是完全的（土地和劳动的市场交换受到禁止），技术由农户自行研究和开发，农业生产者选择节约劳动型技术和节约土地型技术的适当组合，以在最小的成本下获得最大的产出。

定义里昂惕夫农业生产技术选择函数如下：

$$Y = \min\{G(L, K), H(B, S)\} \qquad (1)$$

现实中，农产品产量 Y 由 $G(L, K)$ 和 $H(B, S)$ 技术组合中投入较少的技术要素决定，即 $G(L, K)$ 和 $H(B, S)$ 为互补关系；$G(L, K)$ 表示劳动力 L 和农业机械投入 K 之间的函数关系，两者之间相互替代且存在规模经济；$H(B, S)$ 表示生物化学投入 B 和农作物播种面积 S 之间的函数关系，两者之间相互替代且替代系数为 1，即不存在规模经济。

$$G(L, K) = m \cdot L^{\alpha} \cdot K^{\beta}, \quad (0 < \alpha, \beta < 1, \ \alpha + \beta > 1) \qquad (2)$$

$$H(B, S) = n \cdot B^{\gamma} \cdot S^{1-\gamma}, \quad (0 < \gamma < 1) \qquad (3)$$

式（2）和式（3）中，m 和 n 为常数。现假设总投入成本既定且为常数 C，劳动力 L、农业机械资本 K、生物化学要素投入 B 和农作物播种面积 S 的

单位价格分别为 w、r、u 和 v，得到：

$$C = wL + rK + uB + vS \tag{4}$$

则利润最大化的均衡条件为：

$$\max(\pi) = pY - C = pY - wL - rK - uB - vS \tag{5}$$

$$s.t.\ Y = \min\{m \cdot L^{\alpha} \cdot K^{\beta},\ n \cdot B^{\gamma} \cdot S^{1-\gamma}\}$$

$$0 < \alpha,\ \beta,\ \gamma < 1,\ \alpha + \beta > 1$$

解得：

$$G(L,\ K) = H(B,\ S) \tag{6}$$

$$\frac{w}{r} = \frac{G_L}{G_K} \tag{7}$$

$$\frac{u}{v} = \frac{H_B}{H_S} \tag{8}$$

$$p = \frac{u}{H_B} + \frac{w}{G_L} \tag{9}$$

式（6）表明在均衡条件中不存在技术方面的过剩；式（7）中，G_L 和 G_K 分别代表函数 $G(L,\ K)$ 对劳动力 L 和农业机械 K 的偏导数；式（8）中，H_B 和 H_S 分别代表函数 $H(B,\ S)$ 对生物化学要素 B 和农作物播种面积 S 的偏导数；式（9）表明产出价格和投入价格之间的均衡条件。短期中土地和农业机械资本的投入不变，将这两个要素固定，式（9）可以变为如下形式：

$$p = \frac{u}{H_B(B,\ \bar{S})} + \frac{w}{G_L(L,\ \bar{K})} \tag{10}$$

式（10）中，$\bar{S}$ 和 $\bar{K}$ 分别表示短期内农业生产中土地和机械资本的固定投入量。将函数 $G(L,\ K)$ 和函数 $H(B,\ S)$ 代入，可以求出最佳投入水平下生物化学要素 B 和劳动力 L 的最佳投入量，解得：

$$1 = \frac{1}{\gamma}\frac{uB}{pY} + \frac{1}{\alpha}\frac{wL}{pY} \tag{11}$$

可以看出，在式（11）中，若 $\dfrac{uB}{\gamma} > \dfrac{wL}{\alpha}$，则该地区以生物化学技术的创新为主；反之，则以机械技术创新技术为主。

此外，由于生物化学技术的采用可以提高单位面积土地的生产率，机械技术可以提高劳动力的生产率，观察并比较土地生产率指数和劳动生产率指数即可判断某个国家或地区的农业技术创新模式。从理论上看，中国是典型的二元经济体，为了从农业部门解放出更多的劳动力以供给"低价工业化"的进行，农业技术创新应以发展节约劳动力型的农业机械为主；在"高价城市化"阶段，土地供给变得更加稀缺，农业技术创新应以发展节约土地型的生物化学技术为主。现实中函数 G（L，K）和 H（B，S）中的要素弹性难以估计，可采用土地生产率指数和劳动生产率指数对式（11）右边的第一项和第二项进行代替。

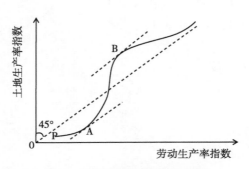

图 4　农业技术进步的发展路径

农业技术创新模式的发展路径如图 4 所示。可以将一个国家或地区的农业技术进步发展路径分为 3 个阶段。第一阶段为点 P 到点 A，对应于"低价工业化"，线段 PA 上点的斜率小于 45°，表示劳动生产率指数高于土地生产率指数，即此阶段以节约劳动力的机械技术创新和应用为主；第二阶段为点 A 到点 B，对应于"高价城市化"，线段 AB 上点的斜率大于 45°，表示土地生产率指数高于劳动生产率指数，即此阶段以节约土地资源的生物化学技术创新和应用为主；第三阶段为点 B 之后的曲线，表示随着工业化和城市化的完成，技术进步模式选择不再具备偏向性，节约劳动力型技术进步和节约土地型技术进步会同步发生。因此，投入要素的相对价格具有说明技术知识应用于生产方式产生的广泛影响的信号标杆的特点。假设农业生产者设想了各种可供选择的新技术，它们都能用同等数量的研究费用加以开发，如果在整个时期一种要素相对于另外一种要素来说变得更加昂贵，农业生产者的革新研究将趋向节约更为昂贵的要素。类似地，在一个国家或地区中，一种要素相对于另一种要素来说比在第二个国家或地区更昂贵，革新研究将趋向节约相对更为昂贵的要素。

为了反映农业经济发展过程中要素禀赋结构的变迁问题，本文采用单要素生产率对中国农业技术进步的要素贡献进行实证检验。以 1978 年为基期，利用农林牧渔总产值指数与第一产业就业人数指数之比表示劳动生产率指数、农林牧渔总产值指数与农作物播种面积指数之比代表土地生产率指数，并将两者之比作为指标（量纲为 1）探讨改革开放以来中国农业技术进步的偏向性（图5）。

从图5中可以看出，改革开放以来中国农业的劳动生产率指数和土地生产率指数呈现出逐年上升的趋势。2014年农业劳动生产率达到了1978年的9.45倍；土地生产率达到1978年的6.9倍。

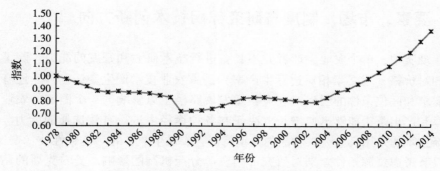

图5　1978—2014年中国劳-地生产率指数比

资料来源：数据来源于国家统计局网站 http：//data. stats. gov. cn/easyquery. htm?cn=C01

图5反映了1978年以来中国农业劳-地生产率指数比的变化趋势，劳动力在城乡之间的流动侧面反映了农业技术阶段性变迁在某种程度上的可能性，可将其分为4个阶段：①1978—1990年，劳-地生产率指数由1下降至0.72，土地生产率指数大于劳动生产率指数。其原因在于这一阶段居民户籍制度阻碍了劳动力由农村向城市的转移，家庭联产承包责任制的施行提高了农民自主生产的积极性，农业生产以增加生物化学方面的投入为主。②1991—1998年，劳-地生产率指数由0.72上升至0.84，但土地生产率指数仍然大于劳动生产率指数。这一阶段中，1992年邓小平南方谈话以及后来经济快速发展使得许多城市对劳动力的需求增加，城市政府开始意识到外来劳动力对城市经济的潜在贡献，农村劳动力开始向城市流动，农业劳动生产率指数提高。③1999—2003年，劳-地生产率指数由0.82下降至0.79。这一阶段中，预算软约束和政府充分就业目标导致国有企业中存在大量的剩余劳动力，国有企业改制使得城市工人保障就业和福利的旧体制结束，一部分失业的工人回到农村继续从事农业生产，农业劳动生产率指数相比土地有所下降。④2004—2014年，劳-地生产率指数由0.83上升至1.37。这一阶段中，劳动生产率指数不断上升，并在2009年超过了土地生产率指数的发展速度。以2004年2月中央政府消除针对外来务工人员子女在城市学校的一切非正常费用为标志，人口由农村向城市的流动开始作为增加农民收入的主要工具，农业生产以节

约劳动的技术进步为主。此时，农业生产中对劳动力的节约并不仅仅表现为大型农业机械的使用，还包含了人力资本的提升。从总体上看，劳-地生产率指数比的变化趋势符合中国二元经济发展特征，通过要素的流动侧面反映了农业技术变迁的基本路径。

3 要素、市场、制度与研究部门技术创新方向

现实中，单个农业生产者并不具备进行技术研究和开发的能力。除了要素相对价格（或要素相对边际生产率）诱致农业技术产生变迁以外，还有市场需求和区位条件的因素对农业技术发展路径予以影响。一个国家的农业生产率和产出是否能够迅速增长取决于在各种途径中进行有效选择的能力。农业新技术的采用具有公共物品的典型特征，农业生产者的"诱致性技术变迁"并没有考虑资源条件差别对研究部门资源分配机制的影响。受希克斯的私人部门诱导革新理论启发，本节将农业生产者的诱致性技术变迁模式进行扩展，考查研究人员与部门对市场需求的反应。

如果某一项投入要素的供给相对于其他投入要素增加，农业生产者将会以"节约供给缺乏弹性的要素"为目标选择新技术。他们促使公共研究机构开发新技术，同时要求政府提供现代化的技术研发设备以替代更为稀缺的要素。科研人员通过设想可行的新技术和新投入对农业生产者的要求予以反应，农业技术的研究和开发能够按照社会最优方向满足农民减少单位成本的需要。在农业研究体制高度分散、且众多的农业生产者建立起类似"农业合作社"或"农业生产者协会"组织的情况下，农民、科研人员和政府之间关于新技术研发的相互影响可能会是最有效的。以美国为例，要保持本州农业相对于其他州的竞争地位，本州的农业试验站趋向于加强。类似地，国家的政策制定者可以把农业研究投资当作一种用来保持国家在世界农业市场的竞争地位或增进农业部门进口替代生产的经济可能性的投资。在存在有效的农业生产者组织或存在定向委托的试验站体系下，技术研发模式可以有效地加以扩展，以说明农业科研人员对技术研发经济机会的反应。在这种诱导模式中，科研人员和科研政策制定人员的反应是诱导机制中的主要环节。科研人员受职业成就或被承认的动力驱动进行研发，因此，建立一种有效的农业科研奖励制度是非常有必要的。而在长期中，要素和产品相对价格的变化揭示出了许多农业生产中应优先从事的研究目标信息。此外，公共研究部门的反应由应用科学领域向基础科学领域延伸。试图解决实际问题的科学家经常请教工作在基础领域的科学家或要求与其进行合作，如果基础领域研究者对应用领域研

究者的要求做出反应，他们实际上就是对要素相对价格变化后的社会研究需求做出反应。

但是，农业技术变革并不完全具有诱导的特点。农业技术进步模式的选择既是内生的需求，也受外生供给的影响。除了资源条件和需求增长的作用以外，农业技术变革同时也反映了一般的科学技术进步。一般性的科学技术进步降低了农业生产者和研究部门进行研发的费用，在不涉及要素比率和产品需求的情况下多对农业技术变革产生影响。农业经济的增长取决于全要素生产率和资源由低效率部门向高效率部门的流动，因此，将有限的资金向研发部门倾斜才能促进农业技术产生变革。

进一步地，除了将研究资源分配到开发那些能节约日益稀缺要素的新技术上以外，研究部门还会考虑具有较大市场需求的作物，表现为某一地区中一种作物的新品种数与分配至其研究资源的数量正相关。同时，在有利的市场条件下，为了使个人和社会充分享受新技术应用带来的福利，要同时对支配农业技术应用的"制度"进行改革。以英国的第二次"圈地运动"为例，圈地法案的颁布促进了公共牧场和农业用地向单个的私人农业组织转变，因此鼓励综合性的谷物家畜"新型农作制"引进。圈地法的颁布可以看作是一个新技术计划的体制革新，利用新的饲料（萝卜和苜蓿）进行作物轮作是对食品价格上涨的市场反应。体制革新来源于社会的共同努力，涉及所有权重组等，包括土地制度关系的现代化等。

在农业经济的动态发展过程中，出现不平衡或者不均衡是诱导技术变革和实现增长的重要因素。各种因素间的不均衡产生了各种发展瓶颈，需要农业生产者、科研人员以及政府寻求更有效的解决资源分配问题的办法。一个瓶颈引起的问题的解决通常产生另一个瓶颈，这是农业技术变革从一个生产过程向另一个生产过程传播的动力。在工业革命初期英国的棉纺业中，关键的飞梭引起加速纺纱运转的需要，纺纱的最后解决反过来又引起织布能力短缺，最后以引入卡特赖特动力织布机而告终。农业技术发展也不例外，原始收割机节省了劳动力，但却形成了"耙"和"捆"的瓶颈，其后自耙收割机和打捆机的引进显然说明了技术变革的累积呼应过程。通过这种累积呼应，美国成功地开发了农业生产的机械技术，促进了用相对更为丰富的土地和资本对相对更为稀缺的劳动的替代。农业范围内以及农业与其他经济部门之间的不平衡，是把农业技术进步向整个经济发展扩散的重要动力来源。

4　结论和建议

综上所述，农业生产中土地和劳动力的稀缺程度反映在市场上就是要素相对价格的变动，在中国初级要素市场缺失的条件下则表现为要素相对边际生产率的变动，从而诱致农业技术不断创新。在生产水平和成本不变的情况下，农业技术产生变革以替代相对稀缺的生产要素。对新技术的需求由农业生产部门传导至研发部门，并由研发部门的应用研究领域向基础研究领域传递。除此之外，一个国家为保持农业部门在世界经济中的领先地位，会研发一般性的科学技术或变革相应的科研体制以实现新技术在生产领域、流通领域以及消费领域的扩散。能够加大对公共机构的投资以提高农业部门对经济力量的反应能力，是诸如美国、日本、丹麦等国农业发展成功的关键。

因此，推动农业技术进步需要从以下 3 个方面努力：①就政府部门而言，要推进建立合理的技术投入市场，发展一个能够确切反应供给、需求、生产关系变化影响的良好联结的市场系统，消除初级要素市场缺失导致的刚性扭曲，包括维持溢价通货以及不利于农业生产的要素及产品价格政策等，为农业技术进步提供市场条件；②就生产部门而言，要积极培育新型职业农民和四类新型经营主体，以增加农业生产过程中的人力资本为目标为农业技术进步类型选择提供主体条件；③就研究部门而言，除了积极发明新技术，改善农业技术的发展"土壤"以对能够把农业技术研发利益内在化的科研体制进行革新，是中国当前适应经济新常态、推进农业供给侧结构性改革的重要工作之一。

参考文献

何爱，徐宗玲，2010. 菲律宾农业发展中的诱致性技术变革偏向：1970—2005 [J]. 中国农村经济 (2)：84-91，95.

黄季焜，2008. 制度变迁和可持续发展：30 年中国农业与农村 [M]. 上海：格致出版社.

黄少安，刘海英，1996. 制度变迁的强制性与诱致性——兼对新制度经济学和林毅夫先生所做区分评析 [J]. 经济学动态 (4)：58-61.

黄宗智，2010. 中国的隐性农业革命 [M]. 北京：法律出版社.

梁平，梁彭勇，2009. 中国农业技术进步的路径与效率研究 [J]. 财贸研究 (3)：43-52.

林毅夫，1994. 关于制度变迁的经济学理论：诱致性变迁与强制性变迁//财产权利与制度变迁（中译本）[M]. 上海：上海三联书店.

林毅夫，2016. 再论制度、技术与中国农业发展 [M]. 北京：北京大学出版社.

林毅夫，2014. 制度、技术与中国农业发展 [M]. 上海：格致出版社.

刘守英，2013. 中国的农业专项与政策选择 [J]. 行政管理改革 (12)：27-31.

全炯振，2010. 中国农业的增长路径：1952—2008 年 [J]. 农业经济问题 (9)：10-16.

杨东升，张帆，1997. 农业产业化进程中的中国农业技术变迁 [J]. 农业经济问题
　　（4）：20-25.

袁江，张成思，2009. 强制性技术变迁、不平衡增长与中国经济周期模型 [J]. 经济
　　研究（12）：17-29.

赵芝俊，张社梅，2005. 农业技术进步源泉及其定量分析 [J]. 农业经济问题（增
　　刊）：70-75.

郑京海，2008. 生产率研究专辑引言 [J]. 经济学（季刊），7（3）：775-776.

HAYAMI Y, RUTTAN V W, 2000. Agriculture Development in International Perspective
　　[M]. Beijing：China Social Science Press：101-102, 208.

HICKS, JOHN R, 1932. The Theory of Wages [M]. London：Macmillan.

KENNEDY C, 1970. Induced Bias in Innovation and the Theory of Distribution [J]. The
　　Journal of Political Economy, 78（5）：1115-1141.

后记

　　本文是与 2005 级博士后曹博博士合作完成的一篇学术论文，发表在《农业技术经济》2017 年第 9 期。论文的价值和创新点在于本文构造了农业技术发明可能性曲线，从农业技术与要素投入的"互补性"特征出发，基于里昂惕夫生产函数对农业生产者的技术类型选择进行分析，并以此为基础探讨了研究部门农业技术创新的"诱致性"表现，同时在二元经济体制背景下，利用劳动生产率指数和土地生产率指数从侧面证明了我国农业技术的发展路径表现出比较明显的要素"诱致性"特征。研究对于农业技术进步类型选择和我国农业技术创新路径确定具有一定的参考价值。该文被评为《农业技术经济》2017 年十佳论文。